SAMMLUNG GÖSCHEN BAND 1

DER NIBELUNGE NÔT

IN AUSWAHL

Mit kurzem Wörterbuch

herausgegeben von

PROF. DR. KARL LANGOSCH

Zehnte, durchgesehene Auflage

WALTER DE GRUYTER & CO.
vormals G. J. Göschen'sche Verlagshandlung · J. Guttentag, Verlagsbuchhandlung · Georg Reimer · Karl J. Trübner · Veit & Comp.

BERLIN 1956

Inhalt

Archiv-Nr. 11 00 01

Druck: Thormann & Goetsch, Berlin SW 61

Printed in Germany

„Jedermann sollte es lesen, damit er nach dem Maaß seines Vermögens die Wirkung davon empfange ... Dies Werk ist nicht da, ein für allemal beurtheilt zu werden, sondern an das Urtheil eines Jeden Anspruch zu machen und deshalb an Einbildungskraft, die der Reproduction fähig ist, ans Gefühl fürs Erhabene, Übergroße, sodann auch für das Zarte, Feine, ein für weit umfassendes Ganze und für ein ausgeführtes Einzelne. Aus welchen Forderungen man wohl sieht, daß sich noch Jahrhunderte damit zu beschäftigen haben."

Goethe zu Simrocks Übersetzung
des Nibelungenlieds 1827

Einleitung

1. **Die Überlieferung.** Vom Nibelungenlied kennen wir nicht weniger als 10 mehr oder weniger vollständige Handschriften und 23 Bruchstücke. Dieser Reichtum zeugt davon, wie gern man das Epos abschrieb und las, und zwar ununterbrochen durch drei Jahrhunderte hindurch vom Anfang des 13. bis zum Anfang des 16. Jahrhunderts, vom Entstehen der Dichtung bis zum Ende des Mittelalters. Durch den Druck aber wurde das Epos nicht mehr verbreitet, statt dessen das „Lied vom Hürnen Seyfried", das Siegfrieds Jugendabenteuer unabhängig vom Nibelungenlied in 179 Strophen erzählt und von dem zwölf Drucke aus dem 16. Jh. vorliegen bzw. zu erschließen sind.

Noch in die erste Hälfte des 13. Jhs. gehören die erst vor einiger Zeit gefundenen Klagenfurter Bruchstücke (Z benannt), in die Mitte des Jhs. dann zwei vollständige Handschriften, die Hohenems-Laßbergische (C) und die St. Galler (B). Die jüngste Handschrift stellt das „Ambraser Heldenbuch" dar, das der Schreiber und Zöllner Hans Ried, von Kaiser Maximilian I. beauftragt, hauptsächlich nach dem verlorenen „Heldenbuch an der Etsch" (14. Jh.) im Inntal etwa von 1502—1512 schrieb; in dessen zweiten Teil steht das Nibelungenlied zwischen den andern mittelhochdeutschen Heldenepen.

Die Berliner Handschrift (b), die der Wiesbadener Bibliothekar Bernhard Hundeshagen 1817 entdeckt und erworben hatte, ist als einzige mit Bildern geschmückt. Die malte der Schreiber der Handschrift selber während der Niederschrift mit bunten Farben, und zwar brachte er sie stets zwischen zwei Aventiuren gleichsam als Übergang an. Er stellte die Jahrhunderte zurückliegenden Vorgänge in seiner eigenen Umwelt dar, und das war das schwäbische Land um 1435. Die Bilder sind gut reproduziert in der Ausgabe der Simrockschen Übersetzung von Hermann Degering „Der Nibelungen Not", Berlin 1924 (Volksverband der Bücherfreunde).

Die Handschriften scheiden sich in zwei große Gruppen. Die größere ist die *nôt*-Gruppe, die kleinere die *liet*-Gruppe, so genannt nach dem letzten Vers, in dem der Titel des Epos verschieden überliefert wird: *daz ist der Nibelunge nôt*, bzw. *der Nibelunge liet*. Mehrere Handschriften haben einen aus beiden Gruppen gemischten Text.

In der *liet*-Gruppe wurde der Text des Originals mehrfach, aber in der gleichen Richtung bearbeitet; dabei wirkte die „Klage" ein, eine das Nibelungenlied fortsetzende Dichtung von über 4000 Versen, die ein anderer Verfasser gegen 1220 nicht weit von Passau schrieb — sie war bereits in der aus allen Handschriften zu erschließenden Urhandschrift des Nibelungenliedes an dieses angefügt. Am Anfang der Entwicklung, die verhältnismäßig sehr früh einsetzte und sich schnell vollzog, steht die Grundhandschrift (*z) der Gruppe, am besten im „Ambraser Heldenbuch" repräsentiert, und am Schluß die Umarbeitung *C, von der uns u. a. die erwähnten Z und C bekannt sind. In ihr sind „Sinn und Wortlaut meist um des Inhalts willen" geändert, indem einzelne Wörter ersetzt oder ganze Strophen (60 im ganzen) hinzugefügt wurden; in ihr wurde dem Gedicht mit Umsicht und feinerem höfischen Geschmack eine neue Fassung gegeben. Dieser Bearbeiter stand zwar dem Dichter des Originals in Zeit und Ort sowie in der Stiltendenz sehr nahe und stammte wohl auch aus der gleichen Schreibstube wie er, aber er war nicht mit dem Dichter identisch.

In der *nôt*-Gruppe stehen sich zwei Fassungen gegenüber. Die eine liegt allein in B vor (dazu in einem Teil einer Mischhandschrift), die andere aber in neun Handschriften und -bruchstücken, unter denen A die Hohenems-Münchner Handschrift, eine besondere Stellung einnimmt (L. Laistner, Das Nibelungenlied nach der Hohenems-Münchner Hs. A in phototyp. Nachbildung nebst Proben der Hss. B und C, München 1886). Karl Lachmann, der das Verdienst hat, das Epos zum erstenmal kritisch herausgegeben zu haben (Der Nibelunge Noth und die Klage, 1826), sah in A „mit dem offenbar älteren text" die dem Original am nächsten kommende Handschrift. Auf B aber gründete Karl Bartsch seine große dreibändige Ausgabe 1870ff.; in der grundlegenden Untersuchung „Die Handschriftenverhältnisse des Nibelungenliedes" 1900 (Paul-Braunes Beiträge 25, S. 1—222) suchte Wilhelm Braune nachzuweisen, daß A gegenüber B „eine selbständig ändernde Rezension" ist, die 61 z. T. für die Handlung überflüssige oder gar störende Strophen nicht ungeschickt streicht, einzelne Lesarten oft recht stark umformt, sich aber vor allem durch große Sorglosigkeit auszeichnet. Dagegen gab V. Michels „Zur Handschriftenkritik des Nl." (Abh. der sächs. Ak. der Wiss. 39, 1928) wieder A den Vorzug, in welcher Handschrift er den Originaltext „verhältnismäßig treu bewahrt" sah, ohne aber mit dieser Ansicht durchzudringen, vgl. A. Heusler in der Deutschen Literaturzeitung 1929, Sp. 16ff.

Dringend notwendig ist, die Handschriften nach neuer Kollation auf ihr Verhältnis zueinander zu untersuchen (auf breiterer Basis als Braune und mit besonderer Berücksichtigung von Z) und danach endlich die fehlende kritische Ausgabe herzustellen, nach der eigentlich erst eine solche Auswahl wie diese hier geboten werden dürfte. Unser Text fußt auf der großen Ausgabe von K. Bartsch und dessen kleinerer in der mit nützlichen Anmerkungen versehenen Bearbeitung von Helmut de Boor (Deutsche Klassiker des Mittelalters III, 1944).

2. **Zeit und Ort der Entstehung.** Die Sprache des Nibelungenliedes setzt nach ihrem allgemeinen Charakter die der ältesten höfischen Epik voraus, Heinrich von Veldekes „Eneide", Hartmann von Aues „Erec" und vielleicht den „Lanzelet" des Ulrich von Zazikhoven. Danach fiele es in die Zeit um oder nach 1200. Eine genauere Datierung ist möglich, wenn bei der Beziehung zwischen dem Nibelungenlied und dem „Parzival" des Wolfram von Eschenbach geklärt werden kann, wer hier der Gebende und wer der Nehmende war. Hierüber ist man verschiedener Ansicht; doch dürfte sich eine Entscheidung fällen lassen. Die seltenen Ländernamen Azagouc und Zazamanc verwendet der Dichter des Nibelungenliedes je einmal (Str. 362, 439), um kostbare Seide zu kennzeichnen; bei Wolfram aber kommen sie mehr als ein dutzendmal vor, auch

miteinander verbunden, und im „Parzival“ sind es zumeist Länder, in denen die Handlung spielt, und Namen, die wir bei Wolfram und seiner „reichen phantastischen Geographie“ geradezu erwarten. Es ist also wahrscheinlicher, daß Wolfram der Gebende war.

Im „Parzival“ VIII, 420, 26ff. und im Nibelungenlied nur in der Zusatzstrophe des Bearbeiters *C (1468a) wird der Rat Rumolds dahin ausgeschmückt, daß der Hofkoch, der auch den Burgunden von der Hunnenfahrt abrät, mit einer Delikatesse lockt, mit Brotschnitten in Fett geröstet und einer vortrefflichen Suppe. Im Nibelungenlied gibt es keine zweite Stelle, die so ins fast Possenhafte abgleitet, auch nicht in der Bearbeitung *C. Aber bei dem humorvollen Wolfram versteht sich solche Selbstverspottung von selber; er nennt ja auch wenige Verse später den angesehenen Hofbeamten, den *kuchenmeister* des Nibelungenliedes, humorig spottend einfach *koch*. Wolfram dürfte also Rumolds Rat dem Nibelungenlied (Str. 1465ff.) entnommen und in seiner Art ausgestaltet, der Bearbeiter *C hinwiderum dies von ihm entlehnt haben. — Vielleicht übernahm der Dichter des Nibelungenlieds auch das Wort *harnaschvar* (Str. 2088, 2) aus dem „Parzival“ 588, 13, wie Edward Schroeder in der Zs. für deutsches Altertum 59 (1922), S. 244 wahrscheinlich zu machen suchte.

Da die ersten sechs Bücher des „Parzival“ vor 1204 fertiggestellt wurden, die übrigen erst gegen 1210, so würde danach das Nibelungenlied erst nach 1204 anzusetzen sein, ja möglicherweise erst nach 1210. Dem entsprechen die Sprache und die Metrik; gerade aus ihnen entspringt kein Anlaß, das Epos vor 1210 entstanden sein zu lassen. — Die Bearbeitung *C hat die „Klage“ benutzt, die man ins zweite Jahrzehnt des 13. Jahrhunderts, vielleicht sogar erst gegen 1220 ansetzt; sie läßt sich also frühestens ans Ende des zweiten Jahrzehnts datieren.

Für die Lokalisierung geben die Reime, an denen allgemein die Abschreiber am wenigsten zu ändern wagten, den sichersten Anhalt. Der Dichter scheidet *ë* und *ę* nur vor *l* und *r*, sonst aber nicht, s. z. B. *dëgen* : *lęgen* 671. Das ist eine bairisch-österreichische Eigentümlichkeit, ebenso sein Verhalten bei der Kontraktion von *age* und *ege* > *ei*: er verwendet wohl die Kontraktionen *schœne meit* oder *geseit* : *was leit* (z. B. 1297, 1458), meidet aber *er leit, treit* < *legit, tregit*. Da er zu *komen* das Praeteritum nach bairischer Art als *kom* bildet, reimt er die so bequeme Reimform *quam* nur ein einziges Mal (Str. 1525: *lobe-*

sam) und zeigt damit, daß er sie literarisch übernommen hat. Dem entspricht auch sein Meiden von *i* : *î* und *u* : *û*, da *î* und *û* zuerst im Bairischen diphthongiert wurden; dagegen bindet er *a* : *â* nicht nur vor *n* (s. z. B. *naht* : *bedâht* 1450). Ins südliche Gebiet des Oberdeutschen weist *ch* für altes *k* in *marschalch* (< *c*) : *bevalch* 1736 und *werch* (< *c*) : *verch* 2210.

Die Reime beweisen also bairisch-österreichische Herkunft des Dichters, geben aber kein sicheres Kriterium dafür her, ob er aus Tirol oder aus der Donaugegend stammt. Näheres aber läßt sich aus der Schilderung der Nibelungenstraße von Worms nach Ungarn gewinnen.

Wie zuletzt K. Weller in der Zs. für dt. Altertum 70 (1933), S. 49ff. ausführte (vgl. F. Panzer in der K. Helm-Festgabe „Erbe der Vergangenheit" 1951, S. 83ff.), war unserm Epiker das österreichische Stück von Passau bis Wien mit den Orten und Flüssen Eferding, der Enns, Pöchlarn, Melk, Mautern, der Traisen und Tuln ganz besonders vertraut. Passau feierte er durch die würdige Gestalt des Bischofs Pilgrim und Wien durch das glänzende Hochzeitsfest Etzels und Kriemhilds. Als Heimat des Dichters scheint Passau noch mehr als Wien in Betracht zu kommen, zumal er die Orte Zeiselmauer und Treismauer an der Mündung der Traisen verwechselt: das Original hatte *bî der Treisem* die *burc Zeizenmûre*, während Zeiselmauer erst jenseits Tuln vor Klosterneuburg liegt; *C verbesserte richtig in *Treisenmûre*. Sicher ist, daß der Babenberger Hof in Wien und der bischöfliche von Passau für die Entstehung und Verbreitung des Nibelungenepos viel bedeuteten.

3. **Die Nibelungensage.** Die ältesten Darstellungen des Nibelungenstoffes waren zwei stabreimende Heldenlieder, das Urlied von Siegfrieds Tod und das Urlied vom Burgundenuntergang. Die geschichtliche Grundlage des ersten ist umstritten. Am wahrscheinlichsten ist die Rekonstruktion Helmut de Boors („Hat Siegfried gelebt?" in Paul-Braunes Beiträge 63, 1939, S. 250ff.); er untersuchte die Namen im jüngeren burgundischen Königshaus und befragte die älteste namentlich aus der nordischen Überlieferung zu erschließende Siegfriedfabel auf ihre historische Substanz. Ein Prinz aus dem ripuarisch-fränkischen Königshaus, der aus seiner Heimat am Rhein vertrieben ist, gelangt an den Hof der burgundischen Könige, wird in ihre Gefolgschaft aufgenommen und erringt solche Verdienste und solches Ansehen, daß ihn die Könige zu ihrem vertrautesten Berater machen und ihm ihre Schwester zur Frau

geben. Den Großen des Hofes aber wird er zu mächtig, sie machen auch den König mißtrauisch. So nimmt er es hin, daß ein entschlossener Mann seinen Schwager ermordet. Die Kinder aber bleiben verschont. — Die Namenforschung führt nicht gerade auf Siegfried für jenen Franken. Im Norden heißt er Sigurd; das wäre Sigiwart, vielleicht auch Sigibert.

Das Urlied von Siegfrieds Tod nun, ein fränkisches Heldenlied des 5.—6. Jahrhunderts, ist aus dem alten Sigurdlied („*Brot af Sigurdarkvidu*") der „Edda" (übersetzt von F. Genzmer und erläutert von A. Heusler in der Sammlung „Thule" I) zu gewinnen und, da der erste Teil von der Lücke in der Eddahandschrift verschlungen ist, auch aus der Prosa-Umschrift in der Völsungensaga (übersetzt von Paul Herrmann in den „Isländischen Heldenromanen", „Thule" II. Reihe, 21. Band). In den Grundzügen unterscheidet es sich wenig von denen des ersten Teils des Nibelungenlieds. Zu den am Rhein herrschenden Burgundenkönigen Gunther, Giselher, Gotmar und ihrem Waffenmeister Hagen kommt der Frankenfürst Siegfried, aus seiner niederrheinischen Heimat vertrieben. Ihre Schwester Grimhild verdient er sich durch Heldentaten zur Frau und muß Gunther die Heldenjungfrau Brünhild zu erwerben helfen, indem er die von ihr gestellte Aufgabe (den Ritt durch den Flammenwall?) löst und drei Nächte lang das Lager mit ihr teilt, sein Schwert zwischen sie beide legend. Streit Brünhilds und Grimhilds beim Bad im Rhein, ob Gunther oder Siegfried den Vorrang habe. Grimhild zeigt den Ring, den Siegfried der Brünhild in der Brautnacht abzog. Im Zwiegespräch mit Gunther verleumdet Brünhild Siegfried, er habe sie in der Brautnacht betrogen: „Ich will nicht zwei Männer in einer Halle haben; Siegfried muß sterben oder du oder ich." Hagen ermordet Siegfried im Wald. In der Nacht offenbart Brünhild Gunther die Wahrheit, daß Siegfried nicht eidbrüchig wurde. Daß Brünhild danach Selbstmord verübte, ist nach H. Kuhn (Zs. f. dt. Altertum 82, 1950, S. 191ff.) nicht wahrscheinlich, wohl aber, daß Gunther starb, da er allein den Eid brach und das seinen Tod verlangte.

Fester ist der historische Kern des Urliedes vom Burgundenuntergang. Gegeben hat es das mittelrheinische Burgundenreich um Worms in der heutigen Pfalz; historisch sind ebenfalls die Burgundenkönige, von denen uns die „Lex Burgundionum" nennt: *Gibica, Godomarus, Gislaharius* und *Gundaharius*. 437 wurde das Burgundenreich des Königs Gunther (*Gundi-*

carius) von den Hunnen zerstört und der König mit dem größten Teil seines Volkes getötet; Attila war aber damals nicht der Führer des Hunnenheeres, sondern befand sich im Osten. Die Burgunden gaben danach ihre Sitze am Rhein auf und ließen sich in Südfrankreich ansiedeln. Dazu dann noch Attilas Tod: 453 erlag der Hunnenkönig einem Blutsturz, als er sich trunken in der Brautnacht mit der Germanin Hildico vereinen wollte. Diese düstere Hochzeitsnacht hat begreiflicherweise die Gemüter beschäftigt; bereits etwa ein Jahrhundert später berichtet ein Schriftsteller, worauf schon Zeitgenossen gekommen sein dürften, daß die Germanin den Herrscher ermordet habe.

Durch Geschichte und Gerücht war hier ein Stoff für die Dichtung gleichsam vorbereitet. Die beiden Fakten, den Fall Gunthers 437 und die angebliche Ermordung Attilas 453, brachte denn auch ein fränkischer Dichter des fünften Jahrhunderts so zusammen, daß er sie innerlich miteinander verband und sich an einem Tage abspielen ließ. Sein stabreimendes Lied vom Untergang der Burgunden und Attilas ging verloren, läßt sich aber aus zwei Heldenliedern der Edda leidlich zurückgewinnen, aus dem älteren kürzeren Atlilied („*Atlakvida*") und dem jüngeren, großen Atlilied („*Atlamál*"), in dem ein Grönländer im 11. Jahrhundert die Fabel mit Anleihen aus deutscher Poesie erweiterte. Attila, mit Grimhild, der Schwester der Burgundenkönige Gunther und Hagen, verheiratet, giert nach dem Nibelungenhort der Burgunden, den diese zur Sicherheit in den Rhein versenkten, und ladet sie ein. Gunther geht nicht auf die zweimalige Warnung Grimhilds ein. Dem fordernden Attila verweigern die Schwäger den Hort und werden nach tapferem Kampf überwältigt. Gunther will den Versteck des Hortes erst verraten, wenn er Hagens Herz sieht; danach gibt er ihn erst recht nicht preis. Er kommt im Schlangenturm um. Beim Siegesmahl setzt Grimhild dem trunkenen Attila ihre beiden Kinder als Speise vor, tötet ihn und läßt die Halle mit den Mannen in Flammen aufgehn; schließlich stürzt sie sich selber in sie hinein (vgl. H. Kuhn a. a. O., oben S. 9).

Lange lebten die beiden Urlieder ohne gegenseitige Bindung oder Beeinflussung nebeneinander. Wenn ihnen auch einige Personen gemeinsam waren, Gunther, Hagen, Grimhild, so waren doch ihr Tun und Handeln nicht aufeinander bezogen; außer im Stoff unterschieden sich die beiden Lieder auch im Wesen und Stil. Aber schließlich formte ein deutscher Dichter (der Norden versuchte es nie) das äußere Nebeneinander zur inneren

Einheit um. Leider ist auch sein Werk, das zweite Burgundenlied, nicht erhalten, sondern ist nur zu erschließen. Er brachte Grimhilds beide Ehen und ihre Folgen in Einklang miteinander; er machte Kriemhild (so die jetzt zu fordernde oberdeutsche Form) als Siegfrieds Witwe nicht nur äußerlich zu Etzels Frau, sondern ließ sie auch entsprechend denken und handeln. Im Urlied rächte sie ihre Brüder am Gatten (Attila), hier aber ihren Gatten (Siegfried) an ihren Brüdern. Vorher bestimmte die Sippenbindung, die die stärkste Bindung in der germanischen Ethik war, Grimhilds Rache, hier aber die Liebe; diese Überordnung der Liebe über die Blutsbindung ist nicht mehr germanisch, ist mittelalterlich, wenn auch nicht notwendig christlich. Diese neue Werteordnung ist erst in der Karolingerzeit denkbar.

In diese Zeit führt auch das neue milde Etzelbild, das wir in diesem zweiten Lied anzusetzen haben und das wir in der mittelhochdeutschen Heldenepik finden. Es entstand im Kreis des Dietrich von Bern, des größten der Vertriebenen, die sich um Etzel sammelten. Dies Bild, das die Baiern mit der dann besonders von ihnen gepflegten Dietrichdichtung im achten Jahrhundert übernahmen, war wichtig für die Umformung des Burgundenlieds. Das zweite Burgundenlied ist also vermutlich im 8.—9. Jahrhundert in Baiern entstanden. Mit diesem Lied, das vielleicht noch im Stabreim abgefaßt war, wurde das Burgundenlied dem Siegfriedlied angepaßt.

In dem zweiten Lied vom Burgundenuntergang, dem bairischen von etwa 800, wirkte sich der erwähnte grundsätzliche Wandel in mannigfachen Umgestaltungen aus. Im ersten Teil, der zumeist beibehalten werden konnte, kamen neue Einzelheiten hinzu, wie z. B. die Überfahrt über die Donau; ferner mußte Kriemhild Etzels Rolle übernehmen. Im zweiten Teil, dessen packende Szenen natürlich verwendet wurden, mußte manches umgestaltet werden (der Saalbrand z. B. war nicht mehr der sühnende Schluß, sondern kam jetzt mitten in den Kampf hinein; Kriemhild brachte sich nicht mehr darin um, sondern wurde von Dietrich getötet); außerdem aber mußte der zweite der beiden Hauptpunkte dieses Teils, Attilas Tod, zergehen, und Burgundenfall und Kriemhilds Rache, die vorher voneinander getrennt waren und nacheinander spielten, fielen jetzt zusammen.

Mit alledem hängt auch zusammen, daß sich die Beleuchtung verschob. Während vorher die Burgunden und Kriemhild zusammen auf der einen Seite, und zwar im Hellen standen. Attila aber auf der andern im Dunklen, befinden sich jetzt die Burgunden auf der einen, Kriemhild aber auf der andern, und auf beide Seiten fällt helles Licht. Gerade durch die beiderseitige Belichtung erhielt die Nibelungensage eine Besonderheit, durch die sie sich von den andern Heldenfabeln abhebt. Trotzdem galt das Mitgefühl auch dieses Dichters der Tragik der Burgunden; er verkörperte sie am stärksten im Tode Hagens, den er zum Haupthelden machte.

Bis zu den Vorlagen des Nibelungenliedes, d. h. bis zum Ende des zwölften Jahrhunderts, ist uns nichts weiter über die Entwicklung der Nibelungensage bezeugt. Der Skop, der zum Gefolge des germanischen Fürsten gehörte, wurde in diesen Jahrhunderten vom fahrenden Berufssänger verdrängt, vom Spielmann. Zugleich wurde der Stabreim vom Endreim abgelöst. Das Christentum wirkte ein. Die Fassungen, die der Spielmann dem Heldenlied gab, waren wohl in diesem und jenem geändert; selten aber befand sich eine wirkliche Umdichtung darunter.

4. Die Vorlagen des Nibelungenliedes. Sie lassen sich aus unserm Epos und aus der Thidrekssaga, einem umfänglichen Prosawerk in norwegischer Sprache rekonstruieren, das ein Unbekannter um die Mitte des 13. Jahrhunderts vermutlich in Bergen verfaßte und in dem er sowohl den Tod Siegfrieds wie den Untergang der Burgunden durch viele Kapitel voneinander getrennt erzählte, ferner aus zwei Balladen von den Färöern, dem in Rußland verbreiteten Brautwerbermärchen und den Nibelungenliedern der Edda.

Das Nibelungenlied erscheint zwar in seinem Inhalt als eine Einheit, deren Hauptträger Kriemhild ist: der Verrat an Siegfried und die Rache dafür. Aber daß die Einheit aus zwei Gedichten hergestellt ist, zeigt sich verschiedentlich, so schon im Inhaltlichen. Die beiden Hauptteile runden sich bereits in ihren verschiedenen Schauplätzen und ihrem verschiedenen Inhalt jeder für sich ab. In der Mitte steht auch ein ausgesprochen neuer Einsatz in Str. 1143. Von den Widersprüchen zwischen den beiden Teilen in Stoff, Stil und Metrik seien nur einige erwähnt. Die Besitzer des wunderbaren Schatzes sind im ersten Teil die „Nibelungen“, im zweiten aber die Burgunden. Im ersten Teil läuft die Handlung träge und dünn, die Schilderung des höfischen Treibens, der Zurüstung, Kleidung, der Gesandtschaften, Feste usw. nimmt den größten

Raum ein; im zweiten aber drängen sich die Ereignisse dicht zusammen. Der zweite Teil verdient daher auch die Bewunderung die man ihm stets zollte, der erste aber leidet in der Tat an erheblichen Schwächen.

Die Metrik weist Besonderheiten auf, die unser Epiker nur aus der Vorlage übernommen haben kann, zumal sie zu seiner Zeit nicht mehr gebräuchlich waren, und zwar bezeichnenderweise weit mehr im zweiten Teil (vgl. 6). Ebenso treten altertümliche Worte und Wendungen wie *balt, gram* oder *got von himele* erst im zweiten Teil hervor.

Alles zusammengenommen spricht dafür, daß unser Epiker zwei verschiedene Vorlagen benutzte, im ersten Teil eine bedeutend kleinere, ein Lied von Siegfrieds Tod mit etwa 200 Zweizeilern, im zweiten aber eine umfänglichere, kein Lied, sondern ein Epos von der Nibelunge Not mit etwa 400 Strophen.

In der zweiten Vorlage, der „älteren Not", behielt der Epiker, ein Mann aus dem bairisch-österreichischen Land, etwa um 1160 die Gestalt der Sage im ganzen bei. Seine Leistung bestand nicht im Umgestalten, sondern im Erweitern; er setzte das Lied ins Epos um, schwellte von liedhafter Knappheit zu epischer Breite auf. Er vermehrte die Szenen etwa aufs Zwölffache und die Personen etwa aufs Doppelte. Von kaum einem andern Dichter erfuhr die Nibelungensage eine solche Vermehrung der Auftritte und Gestalten. Er erfand die Gestalt Rüdegers, die ihn unsterblich machte. Auch nahm er eine neue Form, die Nibelungenstrophe.

Das zweite Lied von Siegfrieds Tod aber, noch ein Lied mit schneller Handlung und wenigen Menschen, wenn auch wohl doppelt so umfänglich wie das erste, ist an mehreren Stellen stofflich geändert; doch ging das alles vermutlich davon aus, daß Kampfspiele für den Flammenritt eintraten. Freierprobe und Beilager werden voneinander getrennt; Brünhild wird die überirdische Kraft mit dem Magdtum geraubt und zwar erst in der Brautnacht. Jetzt kann sich Brünhild nur darüber beschweren, daß Siegfried das Beilager ausplauderte, und sie tut das öffentlich. Auch darin, daß Brünhild Gunther fesselt und an einem Nagel aufhängt, wird der gründliche seelische Wandel deutlich.

Literatur zur Sage: Mit Absicht hält sich diese Darstellung in drei und vier hauptsächlich an die Idealkonstruktion des sagengeschichtlichen Stammbaums, die A. Heusler, „Nibelungensage und Nibelungenlied", zuerst 1920 gab; vgl. auch

H. Schneider, „Germanische Heldensage“ I, 1928, S. 73 ff., 384 ff. Zur Einführung in diese verwickelte Materie scheint es am besten, wenn nur das Mindeste, die Hauptäste, wie eben bei Heusler skizziert werden und nicht die gewiß viel buntere Fülle der Wirklichkeit, die vielen kleineren Verästelungen und die mannigfaltige Schicht des nicht voll Literarischen, zumal die Forschenden nur schmal gegründete und kaum allgemeiner anerkannte Hypothesen über jene verschiedenen Lieder und Sagen aufzustellen vermochten, s. etwa H. Kuhn, „Kriemhilds Hort und Rache“ in der Festschrift P. Kluckhohn und H. Schneider 1948, S. 84 ff. („Zusammenhängende Neuerungen müssen durchaus nicht das Werk desselben Mannes sein“) oder F. Genzmer, „Vorzeitsaga und Heldenlied“ ebenda, S. 1 ff., der für die Heldensage neben dem Versgedicht auch erzählende Prosa anzusetzen fordert. Statt des einen Siegfriedliedes, das allerdings eine reichlich kleine Vorlage für den ersten Teil des Nibelungenliedes darstellt, sucht H. Schneider, „Die deutschen Lieder von Siegfrieds Tod“, 1947, zwei zu gewinnen. — Umstürzend, aber bisher meistens abgelehnt sind die Forschungen D. Kraliks, von denen bis jetzt erst der erste Teil erschien, „Die Siegfriedtrilogie im Nibelungenlied und in der Thidrekssaga“, 1941, fast 900 Seiten stark: er konstruiert völlig andere Vorlagen, so für den ersten Teil des Epos die drei Lieder „Kampfmaidtragödie des Brünhildliedes“, „Horttragödie des Grimhildliedes“ und „Sigfrids Hochzeit“. Dagegen W. Mohr in Dichtung und Volkstum 42, 1942, S. 83 ff.; H. Schneider im Anzeiger für das dt. Altertum 60, 1941, S. 59 ff. — K. Wais (und H. Kuhn), „Frühe Epik Westeuropas und die Vorgeschichte des Nibelungenliedes I, Die Lieder um Krimhild, Brünhild, Dietrich und ihre frühen außerdeutschen Beziehungen“, 1953 bringt als Wertvollstes den Nachweis, wie germanische Heldensage bis ins Keltische und Romanische ausgestrahlt hat, und stellt aus den Sagenzeugnissen in Ungarnchronik, altspanischem Epos, isländischer Saga, kymrischem Mabinogi und angelsächsischem Finnsburglied einen wieder anderen, lückenlosen Stammbaum auf. Dazu W. Mohr im Anz. für dt. Altertum 68, 1955, S. 7 ff.

5. **Der Dichter des Nibelungenliedes.** Von unserm Epiker kennen wir nicht den Namen. Das dürfte er wohl selber beabsichtigt und damit die Tradition des Heldenliedes bewußt fortgesetzt haben, der das doch eigentlich erst von ihm begründete Heldenepos zu einem guten Teil folgt. Er war sicher-

lich ritterlicher Herkunft und besaß geistliche Bildung; er gehörte aber nicht zu den Berufsrittern oder Berufsgeistlichen, sondern war ein Berufssänger, der unbegütert die Gunst der größeren Höfe zu erwerben trachten mußte. Nicht nur darin war er Walther von der Vogelweide gleich; er muß mit ihm, seinem Zeitgenossen und Landsmann, auch an den Höfen in Passau und Wien zusammengetroffen sein.

In dem Menschenalter, das ihn von seinem Vorgänger und auch Landsmann, dem Dichter der „Älteren Not", trennte, hatte sich die ritterliche Dichtung in Deutschland zur Blüte entfaltet und sich und ihre Hörer zu neuen Ansprüchen erzogen. Was inhaltlich und formal noch kurz zuvor gefallen hatte, galt jetzt nicht mehr als fein und wurde verpönt. Die „Ältere Not" klang jetzt zu veraltet und zu derb neben den neuen höfischen Epen. In denen hatten sich Hartmann von Aue, Gottfried von Straßburg und Wolfram von Eschenbach den neuen Idealen höfischer Kultur und der fremden Welt der keltisch-französischen Fabeln hingegeben. Unser Epiker fühlte sich getrieben, die Nibelungensage in der neuen Art so darzustellen, daß sich das Werk einen Platz neben den welschen Ritterromanen eroberte. Er wollte die alte Welt der germanischen Recken in ritterlicher Verklärung bieten, die „Ältere Not" sozusagen in eine höfische Dichtung umarbeiten.

Das höfische Verfeinern, die Kleider und Feste, Turniere und Empfänge usw. brachte er an, wo er nur konnte, im ersten Teil mehr als im zweiten, erreichte damit aber nicht den Stand der höfischen Ritterromane (der Ritter z. B. heißt noch *recke, helt, degen*). Wenn er auch damit tiefer wirkte als mit der Christianisierung, die bis auf Rüdegers Seelenkampf im Äußerlichen haften bleibt, so erneuerte er doch nicht vom Höfischen her die Sage von Grund auf, sondern erwarb sich gerade dadurch ein unsterbliches Verdienst, daß er die heroische Tragik der alten Fabel, für die er tief empfänglich war, beibehielt und in die höfische Kultur der Stauferzeit hinübertrug. Den zweiten Teil, den er schon in epischer Darstellung vor sich hatte, steigerte er aufs Zwei- bis Dreifache. Siegfrieds Tod aber lag ihm nur als Lied vor; den mußte er ins Epos umsetzen und aufs etwa Zehnfache ausbauen, um ihn so mit dem zweiten Teil ins Gleichgewicht zu bringen.

Das Aufschwellen besorgte er schon durch die Sprache; er liebte den Wortreichtum und die Wiederholung. Gern schilderte er Botenfahrten, Reisen, Feste u. dgl. und spiegelte darin das Treiben der Höfe, an denen er verkehrte, sicherlich zu deren Entzücken. Er wußte auch Seelisches beredter darzustellen, Gefühle und Menschen eingehender zu schildern sowie Lyrisches seiner Begabung entsprechend eindrucksvoll einzufügen. Vor allem aber verbreiterte er dadurch, daß er Personen, Szenen und ganze Zwischenakte neu erfand und einbaute. Seine Gestalten sind zwar keine leeren Statisten und unterscheiden sich in ihrer Art voneinander, aber sie sind nicht so gut umrissen und nicht so gewichtig wie die seines Vorgängers.

Zur Ausweitung des ersten Teils reichte seine Phantasie oft nicht aus. Davon zeugen Unebenheiten, Widersprüche, breite, flache Strecken, an Bewegung und Gehalt arm.

Dabei setzte er sich noch ein anderes Ziel, nämlich die Siegfried- und die Burgundensage endlich zu vereinigen. Hier brauchte er nur die beiden Sagen, die ja schon jener Baier um 800 aufeinander abgestimmt hatte, äußerlich zu verknüpfen und sie in Gehalt und Gestalt miteinander in Einklang zu bringen, d. h. sachliche Widersprüche zu beseitigen, Gestalten des einen Stücks auch im andern auftreten zu lassen oder Kriemhild als beherrschende Gestalt herauszuarbeiten. Doch konnte er Kriemhild nicht im zweiten Teil vor die Burgunden stellen. Wohl aber ist es sein großes Verdienst, bei ihr den Wandel von der glücklich liebenden Gattin zur unmenschlichen Rächerin so dargestellt zu haben, daß er glaubhaft wirkt.

Der Quantität nach dürfte kein zweiter Dichter so viel zur Nibelungensage hinzugedichtet haben wie unser Epiker, der alle Gestalten und alles Geschehen umformte. So sehr er dabei Form und Inhalt höfisch zu veredeln suchte, so sehr erhielt er auf der andern Seite die alte Tragik in ihren Grundzügen und schuf sogar Neues in jenem heroischen Geiste, s. etwa die 29. Aventiure. Freilich bleibt das Höfische oft leer und ist nicht mit dem Heroischen voll verschmolzen. Wie sehr er sich als Dichter bewährte und seine Ziele erreichte, lehrt der sofort durchschlagende Erfolg seines Werkes im Mittelalter, das in ihm das abschließende Meisterwerk der Nibelungensage sah. Erst im 19. Jahrhundert kam sie wieder in die Hand wirklicher Dichter, von denen nur Friedrich Hebbel und Siegfried Wagner genannt seien; dazu jetzt etwa das Drama Max Mells „Der Nibelungen Not“ 1951.

Zu der absichtlich nur stoffgeschichtlichen Betrachtung vgl. die weitere Literatur: G. Ehrismann, „Gesch. der deutschen Lit.“, Schlußband (1935) S. 123ff.; F. Neumann im Verfasser-

Lexikon, „Die deutsche Lit. des Mittelalters“ III (1940) S. 513 ff. und der Nachtrag V, 1955, S. 705 ff.; S. Beyschlag, „Das Nl. in gegenwärtiger Sicht“, Wirkendes Wort 3, 1953, S. 193 ff.; J. Schwietering, „Die deutsche Dichtung des Mittelalters“ S. 197 ff.; H. de Boor, Einleitung seiner genannten Ausgabe und „Die höfische Literatur“, 1953, mit ausgewählter Literatur S. 169 f.; F. Panzer, „Studien zum Nibelungenliede“ (1945); F. Maurer „Leid“ 1951. S. 13 ff. — Übersetzung: K. Simrock 1827, oft aufgelegt und z. T. bearbeitet. E. Lubrich „Die neuhochdt. Übersetzungen des Nibelungenliedes“ Diss. Hamburg 1951 (Masch.).

6. **Die metrische Form.** Die Nibelungenstrophe besteht aus vier Langzeilen und diese hinwiderum aus je einem Anvers und einem Abvers. Die Langzeilen haben paarigen Schlußreim (aabb). Alle Anverse sind Viertakter mit klingendem Ausgang, die ersten drei Abverse aber Dreitakter mit stumpfem und der vierte Abvers ein Viertakter ebenfalls mit stumpfem Ausgang. Von der regelmäßigen Füllung des Taktes mit Hebung und Senkung macht besonders der zweite Takt des vierten Abverses eine Ausnahme: ihm fehlt meist die Senkung. Der Auftakt im An- wie im Abvers ist frei. Somit ergibt sich folgendes Bild der Strophe:

(×) | ×́ × | ×́ × | ×́ | ×̀ (×) | ×́ × | ×́ × | ×́ a
(×) | ×́ × | ×́ × | ×́ | ×̀ (×) | ×́ × | ×́ × | ×́ a
(×) | ×́ × | ×́ × | ×́ | ×̀ (×) | ×́ × | ×́ × | ×́ b
(×) | ×́ × | ×́ × | ×́ | ×̀ (×) | ×́ × | ×́(×) | ×́ × | ×́ b

Eȥ wúohs in Búrgòndèn ein vil édel mágedín,
dáȥ in állen lándèn niht schœ́ners móhte sín,
Kriemhílt geheiȥèn: si wárt ein scœ́ne wíp.
dar úmbe múosen degenè vil verliesèn den líp.

Der normale Wechsel von einsilbiger Hebung und Senkung herrscht auch im Nibelungenlied vor. Sein Dichter liebt es, weder die beschwerte Hebung (Hebung auf einer langen, starkbetonten Silbe, der die Senkung fehlt, s. o. *Búrgòndèn, Kriemhílt, verliesèn*) zu häufen noch den Auftakt oder die Senkung oft zwei oder gar drei Silben umfassen zu lassen (s. o. *ein vil* als Auftakt). Dabei ist die Silbenverschleifung auf der Hebung und auf der Senkung in Rechnung zu stellen: wenn die Stammsilbe eines Wortes kurz ist und die folgende Silbe ein unbetontes *e* enthält, so gilt die Hebung als einsilbig (s. o. *degene*) und der betreffende Versausgang als einsilbig-stumpf (z. B. *klägen : sägen* Str. 1); ebenso gilt die Senkung als einsilbig, wenn die beiden Silben durch zwei unbetonte kurze Vokale gebildet werden, die nur durch einen Konsonanten getrennt sind. — Ferner kann ein unbetontes e im Auslaut abgeworfen werden, wenn das folgende Wort vokalisch beginnt (*kúndę in dirre* Str. 13). Ein unbetontes *e* zwischen gleichen Konsonanten kann ausgestoßen werden (*einen* > *ein*, *eineme* > *eime*). Unbetonte Wörter können sich an das vorhergehende Wort anlehnen, so daß ihr Vokal ganz ausfällt: *bringe in* > *bringen* 375, *wellen si* > *wellens* 406, *giengen des* > *giengens* 37) oder auch an das folgende (*ze einen* > *zeinen* 31).

Eine altertümliche Besonderheit, die noch aus der älteren Praxis der „Älteren Not" herrührt, ist der klingende Ausgang des Abverses, der sich überwiegend im zweiten Teil des Epos findet. Dieser Ausgang kommt zweisilbig (*Uoten : guoten* 14) zweimal im ersten und 10mal im zweiten Teil vor, dreisilbig (*Hagene : dëgene* 1993) 8mal im ersten und 57mal im zweiten Teil. Bei den letzten zeigt sich das Altertümliche noch in der Unreinheit, die mehr als die Hälfte der Fälle (36) umfaßt.

Umgekehrt findet sich im Anvers statt des vorherrschenden klingenden Ausgangs auch stumpfer, und zwar gegen 800mal, oft von Namen wie Hildebrant u. ä. gebildet. 143mal ist der vierte Anvers der Strophe so gebaut und stimmt dann mit dem vierten Abvers überein; doch unterscheidet sich der Abvers meistens vom Anvers durch die beschwerte Hebung im zweiten Takt, nur 7mal fehlt sie, und dann sind die beiden Hälften der vierten Langzeile ganz gleich, s. z. B. 1012 *Unt wésse ich wér iz hét getân, ich riete im ímmer sînen tôt.*

Gereimt sind gelegentlich auch die Anverse (Cäsurreime), 30mal in der ersten Strophenhälfte und 12mal in der zweiten. Daß diese 12 nur durch Zufall entstanden sind, zeigt sich daran, daß 6 von ihnen rührend (z. B. 3 *lîche : -lîche*) und darunter sogar 2 identisch sind (z. B. *vil gerne : vil gerne* 1418). Unter den 30 Cäsurreimen in V. 1:2 aber befinden sich nur 3 rührende, von denen keiner zu den verpönten identischen gehört. Das bedeutet: unser Epiker erstrebte diesen Cäsurreim nicht, empfand ihn aber nicht als regelwidrig.

Der Gliederung der Strophe schmiegt sich im allgemeinen der sprachliche Aufbau an. Nicht selten ist der Satzbau dem Reim entsprechend nach der zweiten Langzeile eingeschnitten, meistens aber überhaupt nach den Langzeilen und auch nach den Cäsuren. Durch häufige Überschneidungen („Brechungen") wird dieser Aufbau nicht eintönig. Im vierten Abvers, der sich im Strophenbau durch seine Größe als Schlußglied heraushebt, wird gern der inhaltliche Höhepunkt der Strophe geboten. Freilich besaß der Dichter oft nicht die Kraft, bis zur vierten Langzeile durchzuhalten; er hatte sich schon nach der dritten mit seinem Gedankengang verausgabt und vermochte die vierte nur mit leerem Flickwerk zu füllen. Wenn gerade das letzte Drittel des Epos sich dadurch auszeichnet, daß hier am häufigsten der Sprachinhalt der Strophe in der letzten Langzeile gipfelt, so ist auch das darin begründet, daß der Dichter hier auf besserer Vorlage fußt.

Den Namen erhielt diese Strophe durch den Umfang und die überragende Bedeutung des Nibelungenlieds. Sie wurde von den meisten jüngeren Heldenepen übernommen und im „Hildebrandston" und in der „Kudrunstrophe" weitergebildet, über das Mittelalter hinaus verwandt und von Ludwig Uhland neu belebt. Geschaffen ist sie nicht vom Dichter der „Älteren Not", sondern vermutlich von Dem von Kürenberg, der seine Lieder etwa 1150—70 in dieser Strophenform abfaßte und die Langzeilenstrophe der Heldenlieder dazu ausbaute.

Literatur: Habermann in Merker-Stammlers Reallex. der dt. Litgesch. II (1928) S. 496 ff.; A. Heusler, „Deutsche Versgeschichte", II, 1927, S. 259 ff.

7. Zur Schreibweise und zu den Doppelformen des Textes. In den kritischen Ausgaben mittelhochdeutscher Werke sucht man heute, soweit irgendmöglich, die Gestalt des Originals auch in der Schreibung wiederherzustellen, d. h. nicht mehr wie früher zu normalisieren, weil das keine Handschrift bietet. Deshalb ist das Aussehen des folgenden Textes bunt, obwohl das Nibelungenlied in dieser Hinsicht noch nicht genügend untersucht ist: *v* wechselt mit *f* (*vriunt - friunt*, *Sîvrit - Sîfrit*), *sc* mit *sch* (*scœne - schœne*, *marscalch - marschalch*), *h* mit *ch* (*iuh - iuch*, *hôh* - und *hôchgezît*, *niht - nicht*), *iw*, das den gleichen Lautwert besitzt wie *iuw*, mit *iuw* (*iwer - iuwer*), *d*, *b*, *g* mit *t*, *p*, *c* (*und - unt*, *bin - pin*, *truog - truoc* ...) wohl ebenfalls jeweils für den gleichen Lautwert oder *sanfte - samfte - sampfte*.

Genannt seien andere Doppelformen, die nicht orthographischer, sondern grammatischer Art sind, wie etwa die durch Tonabschwächung hervorgerufenen *dâ - da*, *dô - do*, *jâ - ja*, *sô - so*, *verliesen - vliesen* oder *di - die*, *wi - wie* oder *es - is*, *eȥ - iȥ* oder Formen wie *helt - helet*, *helde - helede* oder *fîant*, *fîent*, *fînt*.

Der Nibelunge Nôt

I. ÂVENTIURE.

Eʒ wuohs in Burgonden ein vil edel magedîn. 2
daʒ in allen landen niht schœners mohte sîn,
Kriemhilt geheiʒen, sie wart ein schœne wîp.
dar umbe muosen degene vil verliesen den lîp.

Ir pflâgen dîe künege edel unde rîch, 4
Gunther unde Gêrnôt, di recken lobelîch,
und Gîselher der junge, ein ûʒ erwelter degen.
diu frouwe was ir swester, die fürsten hetens in ir pflegen.

Die herren wâren milte, von arde hôhe erborn, 5
mit kraft unmâʒen küene, di recken ûʒ erkorn.
dâ zen Burgonden sô was ir lant genant.
si frumten starkiu wunder sît in Etzelen lant.

Ze Wormeʒ bî dem Rîne si wonten mit ir kraft. 6
in diente von ir landen vil stolziu ritterscaft
mit lobelîchen êren unz an ir endes zît.
si sturben sît jæmerlîche von zweier edelen frouwen nît.

Die folgenden Strophen der Einleitung, die bisher in den Ausgaben im Text oben stehen und danach mitgezählt sind, entstammen nicht dem Original, sondern sind erst später, zumeist in der *liet*-Gruppe, hinzugedichtet:

Uns ist in alten mæren wunders vil geseit 1
von helden lobebæren, von grôʒer arebeit;
von fröuden hôchgezîten, von weinen und von klagen,
von küener recken strîten muget ir nu wunder hœren sagen.

Der minneclîchen mägede triuten wol gezam. 3
ir muoten küene recken, niemen was ir gram.
âne mâʒen schœne sô was ir edel lîp,
der juncvrouwen tugende zierten anderiu wîp.

Ein rîchiu küneginne, frou Uote ir muoter hieʒ, 7
ir vater der hieʒ Dancrât, der in diu erbe lieʒ
sît nâch sîme lebene, ein ellens rîcher man,
der ouch in sîner jugende grôʒer êren vil gewan.

In disen hôhen êren troumte Kriemhilde, 13
wie si züge einen valken starc, scœne und wilde,
den ir zwêne arn erkrummen, daʒ si daʒ muoste sehen,
ir enkunde in dirre werlde leider nimmer gescehen.

Den troum si dô sagete ir muoter Uoten. 14
sine kundes niht besceiden baʒ der guoten:
„der valke den du ziuhest, daʒ ist ein edel man:
in welle got behüeten, du muost in sciere vloren hân.“

„Waʒ saget ir mir von manne, vil liebiu muoter mîn? 15
âne recken minne sô wil ich immer sîn.
sus scœne ich wil belîben unz an mînen tôt,
daʒ ich von mannes minne sol gewinnen nimmer nôt.“

Die drîe künege wâren, als ich gesaget hân, 8
von vil hôhem ellen; in wâren undertân
ouch di besten recken, von den man hât gesaget,
starc und vil küene, in scarpfen strîten unverzaget.

Daʒ was von Tronege Hagene und ouch der bruoder sîn, 9
Dancwart der vil snelle, von Metzen Ortwîn,
di zwêne marcgrâven Gêre und Ekkewart,
Volkêr von Alzeye, mit ganzem ellen wol bewart.

Rûmolt der kuchenmeister, ein ûʒ erwelter degen, 10
Sindolt und Hûnolt, dise herren muosen pflegen
des hoves unt der êren, der drîer künege man.
si heten noch manegen recken, des ich genennen niene kan.

Dancwart der was marscalch, dô was der neve sîn 11
truhsæʒe des küneges, von Metzen Ortwîn.
Sindolt der was scenke, ein ûʒ erwelter degen.
Hûnolt was kamerære; si kunden hôher êren pflegen.

Von des hoves krefte und von ir wîten kraft, 12
von ir vil hôhen werdekeit und von ir riterschaft,
der di herren pflâgen mit vröuden al ir leben,
des enkunde iu ze wâre niemen gar ein ende geben.

„Nu versprich eʒ niht ze sêre“, sprach aber ir muoter dô. 16
„soltu immer herzenlîche zer werlde werden vrô,
daʒ gesciht von mannes minne. du wirst ein scœne wîp,
ob dir noch got gefüeget eins rehte guoten riters lîp.“

„Die rede lât belîben“, sprach si, „frouwe mîn. 17
eʒ ist an manegen wîben vil dicke worden scîn,
wie liebe mit leide ze jungest lônen kan.
ch sol si mîden beide, son kan mir nimmer missegân.“

Kriemhilt in ir muote sich minne gar bewac. 18
sît lebte diu vil guote vil manegen lieben tac,
daȝ sine wesse niemen den minnen wolde ir lîp.
sît wart si mit êren eins vil küenen recken wîp.

II. ÂVENTIURE,

VON SÎFRIDE.

Dô wuohs in Niderlanden eins edelen küneges kint, 20
des vater der hieȝ Sigemunt, sîn muoter Sigelint,
durch sînes lîbes sterke er reit in menegiu lant. 21
hey waȝ er sneller degene sît zen Burgonden vant!

In sînen besten zîten, bî sînen jungen tagen, 22
man möhte michel wunder von Sîvride sagen,
waȝ êren an im wüehse und wie scœne was sîn lîp.
sît heten in ze minne diu vil wætlîchen wîp.

Man zôch in mit dem vlîȝe, als im daȝ wol gezam. 23
von sîn selbes muote waȝ tugende er an sich nam!
des wurden sît gezieret sînes vater lant,
daȝ man in ze allen dingen sô rehte hêrlîchen vant.

Er was nu sô gewahsen, daȝ er ze hove reit. 24
die liute in sâhen gerne; manec frouwe und manec meit
im wunschten, daȝ sîn wille in immer trüege dar.
holt wurden im genuoge, des wart der herre wol gewar.

Vil selten âne huote man rîten lie daȝ kint. 25
in hieȝ mit kleidern zieren Sigmunt und Siglint.
sîn pflâgen ouch die wîsen, den êre was bekant.
des mohte er wol gewinnen beidiu liute unde lant.

Der was der selbe valke, den si in ir troume sach, 19
den ir besciet ir muoter. wi sêre si daȝ rach
an ir næhsten mâgen, die in sluogen sint!
durch sîn eines sterben starp vil maneger muoter kint.

in einer rîchen bürge, wîten wol bekant, 20,
nidene bî dem Rîne, diu was ze Santen genant. 3-4

Sîvrit was geheiȝen der snelle degen guot. 21,
er versuochte vil der rîche durch ellenthaften muot. 1-2

Nu was er in der sterke, daʒ er wol wâfen truoc; 26
swes er dar zuo bedorfte, des lag an im genuoc.
er begunde mit sinnen werben scœniu wîp,
die trûten wol mit êren des küenen Sîvrides lîp.

Dô hieʒ sîn vater Sigmunt künden sînen man, 27
er wolde hôchgezîte mit lieben vriwenden hân.
diu mære man dô fuorte in ander künege lant.
den vremden und den kunden gab er ros und guot gewant.

Swâ man vant deheinen der riter solte sîn 28
von art der sînen mâge, diu edeln kindelîn
diu ladet man zuo dem lande durh die hôhgezît,
mit dem jungen künege swert genâmen si sît.

Von der hôchgezîte man möhte wunder sagen. 29
Sigmunt unde Siglint die mohten wol bejagen
mit guote michel êre, des teilte vil ir hant.
des sach man vil der vremden zuo zin rîten in daʒ lant.

Vier hundert swertdegene die solten tragen kleit 30
mit samt Sîvrîde. vil manec scœniu meit
von werke was unmüeʒec, wan si im wâren holt;
vil der edelen steine die frouwen leiten in daʒ golt,

Die si mit porten wolten wurken ûf ir wât 31
den jungen stolzen recken, des newas niht rât.
der wirt der hieʒ dô sidelen vil manegen küenen man,
ze einen sunewenden dâ Sîvrit wol riters namen gewan.

Dô gie ze einem münster vil manec rîcher kneht 32
und manec edel rîter. die wîsen heten reht,
daʒ si den tumben dienten, als in was ê getân.
si heten kurzwîle und ouch vil maneger vreuden wân.

Gote man dô zen êren eine messe sanc. 33
dô huop sih von den liuten vil michel der gedranc,
dâ si ze riter wurden nâch riterlîcher ê
mit alsô grôʒen êren, daʒ wætlîch immer mêr ergê.

Si liefen dâ si funden gesatelt manec marc. 34
in hove Sigmundes der bûhurt wart sô starc,
daʒ man erdieʒen hôrte palas unde sal.
die hôhgemuoten degene die heten grœʒlîchen schal.

Von wîsen und von tumben man hôrte manegen stôʒ, 35
daʒ der scefte brechen gein den lüften dôʒ.
trunzûne sach man vliegen für den palas dan
von maneges recken hende; daʒ wart mit vlîʒe getân.

Der wirt der bat eʒ lâʒen, dô zôch man diu marc. 36
man sach ouch dâ zebrochen vil manege buckel starc,
vil der edelen steine gevellet ûf daʒ gras
ab liehten schildes spangen, von hurten daʒ gescehen was.

Dô giengens wirtes geste dâ man in sitzen riet. 37
vil der edelen spîse si von ir müede sciet
unt wîn der aller beste, des man in vil getruoc,
den vremden und den kunden bôt man êren dâ genuoc.

Swie vil si kurzwîle pflâgen al den tac, 38
vil der varender diete ruowe sich bewac;
si dienten nâch der gâbe die man dâ rîche vant.
des wart mit lobe gezieret alleʒ Sigmundes lant.

Der herre der hieʒ lîhen Sîvrit den jungen man 39
lant unde bürge, als er het ê getân.
sînen swertgenôʒen den gap dô vil sîn hant;
dô liebte in diu reise, daʒ si kômen in daʒ lant.

Diu hôchgezît werte unz an den sibenden tac. 40
Siglint diu rîche nâch alten siten pflac
durh ir sunes liebe teilen rôteʒ golt.
si kundeʒ wol gedienen, daʒ im die liute wâren holt.

Vil lützel man der varnder armen dâ vant. 41
ros unde kleider daʒ stoup in von der hant,
sam si ze lebene hêten niht mêr deheinen tac.
ich wæn ie ingesinde sô grôʒer milte gepflac.

Mit lobelîchen êren schiet sich diu hôchgezît. 42
von den rîchen herren hôrte man wol sît,
daʒ si den jungen wolden ze eime herren hân;
des engerte niht her Sîvrit, der vil wætlîche man.

Sît daʒ noch beide lebeten, Sigmunt und Siglint, 43
niht wolde tragen krône ir beider liebeʒ kint;
doch wolder wesen herre für allen den gewalt
des in den landen vorhte der degen küene unde balt.

III. ÂVENTIURE,

WIE SÎFRIT ZE WORMZE KOM (Str. 44—138).

Siegfried hört von der ungewöhnlichen Schönheit der burgundischen Königstochter Kriemhild, die bisher ihre vielen Werber abwies. Obwohl ihn sein Vater Siegmund vor den stolzen Burgunden, besonders vor Hagen warnt, reitet er mit elf seiner Mannen kostbar ausgestattet in sieben Tagen nach Worms. Am Burgundenhof erkennt ihn Hagen allein und erzählt Jung-Siegfrieds wunderbare Taten.

Alsô sprach dô Hagene: „ich wil des wol verjehen, 86
swie ich Sîvrîden nimmer habe gesehen,
sô wil ich wol gelouben, swie eʒ dar umbe stât,
daʒ eʒ sî der recke, der dort sô hêrlîchen gât.

Er bringet niuwemære her in ditze lant. 87
die küenen Nibelunge sluoc des heldes hant,
Schilbunc und Nibelungen, diu rîchen küneges kint.
er frumte starkiu wunder mit sîner grôʒen krefte sint.

Dâ der helt al eine ân alle helfe reit, 88
er vant vor einem berge, daʒ ist mir wol geseit,
bî Nibelunges horde vil manegen küenen man;
die wâren im ê vremde, unz er ir künde dâ gewan.

Hort der Nibelunges der was gar getragen 89
ûʒ eime holen berge. nu hœret wunder sagen,
wie in wolden teilen der Nibelunge man.
daʒ sach der degen Sîvrit, den helt es wundern began.

Er kom zuo zin sô nâhen, daʒ er die helde sach 90
und ouch in die degene. ir einer drunder sprach:
„hie kumt der starke Sîvrit, der helt von Niderlant."
vil seltsæniu mære er an den Nibelungen vant.

Den recken wol enpfiengen Schilbunc und Nibelunc. 91
mit gemeinem râte die edlen fürsten junc
den scaz in bâten teilen den wætlîchen man,
und gerten des mit vlîʒe; der herre loben inʒ began.

Er sach sô vil gesteines, sô wir hœren sagen, 92
hundert kanzwägene eʒ möhten niht getragen;
noch mê des rôten goldes von Nibelunge lant,
daʒ solde in alleʒ teilen des küenen Sîvrides hant.

Dô gâben si im ze miete daʒ Nibelunges swert. 93
si wâren mit dem dienste vil übele gewert,
den in dâ leisten solde Sîvrit der helt guot.
ern kundeʒ niht verenden, si wâren zornec gemuot.

Si heten dâ ir friunde zwelf küene man, 94
daʒ starke risen wâren, waʒ kundeʒ si vervân?
die sluoc sît mit zorne diu Sîvrides hant,
und recken siben hundert twang er von Nibelunge lant

Mit dem guoten swerte, daʒ hieʒ Balmunc. 95
durch die starken vorhte vil manec recke junc,
die si zem swerte hêten und an den küenen man,
daʒ lant zuo den bürgen si im tâten undertân.

Dar zuo die rîchen künege die sluog er beide tôt. 96
er kom von Albrîche sît in grôʒe nôt.
der wânde sîne herren rechen dâ zehant,
unz er die grôʒen sterke sît an Sîvride vant.

Done kund im niht gestrîten daʒ starke getwerc. 97
alsam die lewen wilde si liefen an den berc,
dâ er die tarnkappen sît Albrîche an gewan.
dô was des hordes herre Sîvrit der vreislîche man.

Die dâ torsten vehten, die lâgen alle erslagen. 98
den scaz den hieʒ er balde füeren unde tragen
dâ in dâ vor dâ nâmen di Nibelunges man.
Albrîch der vil starke dô die kameren gewan.

Er muos im sweren eide, er diente im sô sîn kneht. 99
aller hande dinge was er im gereht."
sô sprach von Tronege Hagene, ,,daʒ hât er getân,
alsô grôʒer krefte nie mêr recke gewan.

Noch weiʒ ich an im mêre, daʒ mir ist bekant. 100
einen lintrachen den sluoc des heledes hant.
er badet sich in dem bluote, sîn hût wart hurnîn.
des snîdet in kein wâfen, daʒ ist dicke worden schîn.

Wir suln den herren enpfâhen deste baʒ, 101
daʒ wir iht verdienen des jungen recken haʒ.
sîn lîp der ist sô küene, man sol in holden hân:
er hât mit sîner krefte sô menegiu wunder getân."

Gunther und seine Recken gehen Siegfried zum Empfang entgegen. Der fordert den Burgundenkönig zum Kampf um ihrer beiden Länder und Burgen heraus. Hagen, Gernot und Ortwin wollen nichts davon wissen. Als ihm Gunther ehrenvollste Aufnahme bietet, läßt sich Siegfried schließlich besänftigen. In den Ritterspielen übertrifft er alle. Stets denkt er an Kriemhild, be-

kommt sie aber ein ganzes Jahr hindurch nicht zu sehen, während sie ihm beim Stein- oder Speerwerfen heimlich durchs Fenster zuschaut.

IV. ÂVENTIURE,

WIE ER MIT DEN SAHSEN STREIT (Str. 139—264).

König Liudeger von Sachsen und König Liudegast von Dänemark sagen den Burgunden durch Boten Fehde an. Siegfried erklärt sich sofort bereit, mit 1000 Burgunden den Kampf aufzunehmen. Er erhält die Oberleitung, Hagen ist scarmeister. *Volker Bannerträger; Dankwart und Ortwin übernehmen die Nachhut; auch Gernot, Hunold und Sindbold reiten mit. Vom Rhein zieht das Heer durch Hessen nach Sachsen. An der Grenze trifft Siegfried auf Liudegast, die beide die Vorhut haben, verwundet ihn und nimmt ihn gefangen; von den dreißig Dänen, die ihrem König zu Hilfe eilen, entrinnt nur einer dem Tode. Dann stoßen die Heere aufeinander. Nachdem sich Siegfried dreimal durchs feindliche Heer gehauen hat, begegnet er Liudeger; der ergibt sich, als er seinen Gegner erkennt. 500 werden gefangen.*

Einer der Siegesboten nach Worms ist für Kriemhild bestimmt und berichtet ihr ausführlich. Sie freut sich besonders, daß Siegfried glücklich heimkehrt. Nach dem Einzug in Worms läßt Gunther den gefangenen Königen Bewegungsfreiheit und bewegt Siegfried, am Hof zu bleiben. Man rüstet auf ein Siegesfest in sechs Wochen.

V. ÂVENTIURE,

WIE SÎFRIT KRIEMHILDE ALLER ÊRSTE GESACH (Str. 265—324).

Das Siegesfest beginnt Pfingsten und dauert zwölf Tage. Auf Ortwins Vorschlag erscheinen auch die Edelfrauen; unter ihnen leuchtet Kriemhild hervor:

sam der liehte mâne vor den sternen stât,
des scîn so lûterliche ab den wolken gât (Str. 283).

Wie Gernot rät, begrüßt Kriemhild Siegfried als ersten. So sieht er sie zum erstenmal, geht glücklich Hand in Hand mit ihr und wird von ihr geküßt. Nach der Messe dankt sie ihm für seine Taten. Gunther beschenkt die Freunde und läßt auf Siegfrieds Rat die Feinde gegen Zusicherung der Urfehde ohne Lösegeld frei. Da Siegfried Kriemhild täglich sieht, läßt er sich schnell durch Giselher zum Bleiben bewegen.

VI. ÂVENTIURE,

WIE GUNTHER GÊN ÎSLANDE NÂCH PRÜNHILDE FUOR.

Iteniuwe mære sich huoben über Rîn. 325
man sagte, daʒ dâ wære manec scœne magedîn.
der gedâht im eine erwerben Gunther der künec guot;
dâ von begunde dem recken vil sêre hôhen der muot.

Eʒ was ein küneginne geseʒʒen über sê, 326
ir gelîche enheine man wesse ninder mê.
diu was unmâʒen scœne, vil michel was ir kraft.
si scôʒ mit snellen degenen umbe minne den scaft.

Den stein den warf si verre, dar nâch si wîten spranc. 327
swer ir minne gerte, der muose âne wanc
driu spil an gewinnen der frouwen wol geborn;
gebrast im an dem einen, er hete daʒ houbet sîn verlorn.

Des het diu juncfrouwe unmâʒen vil getân. 328
daʒ gehôrte bî dem Rîne ein riter wol getân,
der wande sîne sinne an daʒ scœne wîp;
dar umbe muosen helede sît verliesen den lîp.

Dô sprach der vogt von Rîne: „ich wil nider an den sê 329
hin ze Prünhilde, swi eʒ mir ergê.
ich wil durch ir minne wâgen mînen lîp;
den wil ich verliesen, sine werde mîn wîp.“

„Daʒ wil ich widerrâten“, sprach dô Sîvrit. 330
„jâ hât diu küneginne sô vreislîche sit,
swer umb ir minne wirbet, daʒ eʒ im hôhe stât.
des muget ir der reise haben wærlîchen rât.“

„Sô wil ih iu daʒ râten“, sprach dô Hagene, 331
„ir bittet Sîvrîde mit iu ze tragene
die vil starken swære, daʒ ist nu mîn rât,
sît im daʒ ist sô kündec wi eʒ um Prünhilde stât.“

Er sprach: „wil du mir helfen, edel Sîvrit, 332
werben die minneclîchen? tuostu, des ich dich bit,
und wirt mir zeime trûte daʒ minneclîche wîp,
ich wil durch dînen willen wâgen êre unde lîp.“

Des antwurte Sîvrit, der Sigmundes sun: 333
„gîstu mir dîne swester, sô wil ich eʒ tuon,
die scœnen Kriemhilde, ein küneginne hêr,
sô ger ich deheines lônes nâch mînen arbeiten mêr.“

„Daʒ lobe ich“, sprach dô Gunther, „Sîvrit, an dîne hant. 334
und kumt diu scœne Prünhilt her in ditze lant,
sô wil ich dir ze wîbe mîne swester geben,
sô mahtu mit der scœnen immer vrœlîche leben.“

Des swuoren si dô eide, die recken vil hêr. 335
des wart ir arebeiten verre deste mêr,
ê daʒ si die frouwen brâhten an den Rîn.
des muosen die vil küenen sît in grôʒen sorgen sîn.

Sîvrit der muose füeren die kappen mit im dan, 336
die der helt vil küene mit sorgen gewan
ab eime getwerge, daʒ hieʒ Albrîch.
sich bereiten zuo der verte die recken küene unde rîch.

Alsô der starke Sîvrit die tarnkappen truoc, 337
sô het er dar inne krefte genuoc,
zwelf manne sterke zuo sîn selbes lîp.
er warp mit grôʒen listen daʒ vil hêrlîche wîp.

Ouch was diu selbe tarnhût alsô getân, 338
daʒ dar inne worhte ein ieslîcher man
swaʒ er selbe wolde, daʒ in doch niemen sach.
sus gewan er Prünhilde, dâ von im leide gescach.

„Nu sag mir, degen Sîvrit, ê daʒ mîn vart ergê, 339
daʒ wir mit vollen êren komen an den sê,
suln wir iht recken füeren in Prünhilde lant?
drîʒec tûsent degene die werdent sciere besant.“

„Swie vil wir volkes füeren,“ sprach aber Sîvrit, 340
„ez pfligt diu küneginne so vreislîcher sit,
die müesen doch ersterben von ir übermuot.
ich sol iuch baʒ bewîsen, degen küene unde guot.

„Wir suln in recken wîse varn ze tal den Rîn. 341
die wil ich dir nennen, die daʒ sulen sîn.
selbe vierde degene varn wir an den sê,
so erwerben wir die frouwen, swi eʒ uns dar nâch ergê.

Der gesellen bin ich einer, der ander soltu wesen, 342
der dritte daʒ sî Hagene (wir mugen wol genesen),
der vierde daʒ sî Dancwart, der vil küene man,
uns endurfen ander tûsent mit strîte nimmer bestân.“

„Diu mære wesse ich gerne“, sprach der künec dô, 343
„ê daʒ wir hinnen füeren (des wære ich harte vrô),
waʒ wir kleider solden vor Prünhilde tragen,
diu uns dâ wol gezæmen; daʒ sult ir Gunthere sagen.“

„Wât die aller besten die ie man bevant, 344
die treit man zallen zîten in Prünhilde lant.
des sulen wir rîchiu kleider vor der frouwen tragen,
daȝ wirs iht haben scande, sô man diu mære hœre sagen.“

Dô sprach der degen guoter: „sô wil ich selbe gân 345
zuo mîner lieben muoter, ob ich erbitten kan,
daȝ uns ir scœnen mägede helfen prüeven kleit,
diu wir tragen mit êren für die hêrlîchen meit.“

Dô sprach von Tronege Hagene mit hêrlîchen siten: 346
„waȝ welt ir iuwer muoter sölher dienste biten?
lât iuwer swester hœren, wes ir habet muot,
so wirdet iu ir dienest zuo dirre hovereise guot.“

Dô enbôt er sîner swester daȝ er si wolde sehen, 347
und ouch der degen Sîvrit. ê daȝ was gescehen,
dô hete sich diu scœne ze wunsche wol gekleit.
daȝ komen der vil küenen daȝ was ir mæȝlîche leit.

Nu was ouch ir gesinde geziert als im gezam. 348
die fürsten kômen beide, dô si daȝ vernam,
dô stuont si von dem sedele, mit zühten si dô gie
dâ si den gast vil edelen und ouch ir bruoder enpfie.

„Willekomen sî mîn bruoder und der geselle sîn. 349
diu mære ich wiste gerne“, sô sprach daȝ magedîn,
„waȝ ir herren woldet, sît ir ze hove gât.
daȝ lât ir mich hœren wieȝ iu edelen recken stât.“

Dô sprach der künec Gunther: „frouwe, ich wilȝ iu sagen. 350
wir müeȝen michel sorgen bî hôhem muote tragen.
wir wellen höfschen rîten verre in vremdiu lant,
wir solten zuo der reise haben zierlîch gewant.“

„Nu sitzet, lieber bruoder“, sprach daȝ küneges kint, 351
„und lât mich rehte hœren, wer die frouwen sint,
der ir dâ gert mit minnen in ander künege lant.“
die ûȝ erwelten beide nam diu frouwe bî der hant.

Dô gie si mit in beiden dâ si ê dâ saȝ, 352
ûf matraȝ diu vil rîchen, ich wil wol wiȝȝen daȝ,
geworht von guoten bilden, mit golde wol erhaben.
si mohten bî den frouwen guote kurzwîle haben.

Friuntlîche blicke und gütelîcheȝ sehen, 353
des mohte dâ in beiden harte vil gescehen.
er truoc si ime herzen, si was im sô der lîp.
sît wart diu scœne Kriemhilt des starken Sîvrides wîp.

Dô sprach der künec rîche: ,,vil liebiu swester mîn, 354
âne dîne helfe kundez niht gesîn.
wir wellen kurzwîlen in Prünhilde lant,
da bedorften wir ze habene vor frouwen hêrlîch gewant.

Dô sprach diu juncfrouwe: ,,vil lieber bruoder mîn, 355
swaz der mînen helfe dar an kan gesîn,
des bring ich iuch wol innen, daz ich iu bin bereit.
versagt iu ander iemen, daz wære Kriemhilde leit.

,,Ir sult mich, riter edele, niht sorgende biten, 356
ir sult mir gebieten mit hêrlîchen siten.
swaz iu von mir gevalle, des bin ich iu bereit,
unt tuon ez willeclîche", sprach diu wünneclîche meit.

,,Wir wellen, liebiu swester, tragen guot gewant, 35
daz sol helfen prüeven iuwer edeliu hant;
des volziehen iuwer mägede, daz ez uns rehte stât;
wande wir der verte hân deheiner slahte rât."

Dô sprach diu juncfrouwe: ,,nu merket waz ich sage. 35
ich hân selbe sîden, nu scaffet, daz man trage
gesteine uns ûf den schilden, sô wurken wir diu kleit."
des willen was dô Gunther und ouch Sîvrit bereit.

,,Wer sint die gesellen", sprach diu künegîn, 35
,,die mit iu gekleidet ze hove sulen sîn?"
er sprach: ,,ich selbe vierde, zwêne mîne man,
Dancwart und Hagene, suln ze hove mit mir gân.

Ir sult vil rehte merken, waz ich iu, frouwe, sage, 36
daz ich selbe vierde ze vier tagen trage
ie drîer hande kleider und alsô guot gewant,
daz wir âne scande rûmen Prünhilde lant."

Mit guotem urloube die herren schieden dan. 36
dô hiez ir juncfrouwen drîzec meide gân
ûz ir kemenâten Kriemhilt diu künegin,
die zuo sölhem werke heten grœzlîchen sin.

Die arâbischen sîden wîz alsô der snê 36
unt von Zazamanc der guoten grüen alsam der klê,
dar în si leiten steine; des wurden guotiu kleit.
selbe sneit si Kriemhilt, diu vil hêrlîche meit.

Von vremder visce hiuten bezoc wol getân, 36
ze sehene vremden liuten, swaz man der gewan,
die dahten si mit sîden, sô si si solden tragen.
nu hœret michel wunder von der liehten wæte sagen.

Von Marroch ûʒ dem lande und ouch von Lybîân 364
die aller besten sîden, die ie mêr gewan
deheines küneges künne, der heten si genuoc.
wol lie daʒ scînen Kriemhilt, daʒ si in holden willen truoc.

Sît si der hôhen verte heten nu gegert, 365
härmîne vederen dûhten si unwert.
pfelle drobe lâgen swarz alsam ein kol,
daʒ noch snellen heleden stüende in hôhgezîten wol.

Uʒ arâbischem golde vil gesteines scein. 366
der frouwen unmuoʒe diu newas niht klein,
inre siben wochen bereiten si diu kleit.
dô was ouch ir gewæfen den guoten recken bereit.

Dô si bereitet wâren, dô was in ûf den Rîn 367
gemachet flîʒeclîchen ein starkeʒ sciffelîn,
daʒ si tragen solde vol nider an den sê.
den edelen juncfrouwen was von arbeiten wê.

Dô sagte man den recken, in wæren nu bereit, 368
diu si dâ füeren solden, ir zierlîchen kleit,
alsô si dâ gerten. daʒ was nu getân,
done wolden si niht langer bî dem Rîne bestân.

Nâch den hergesellen wart ein bote gesant, 369
ob si wolden scouwen niuweʒ ir gewant,
ob eʒ den helden wære ze kurz oder ze lanc.
eʒ was in rehter mâʒe, des sagten si den frouwen danc.

Für alle die si kômen, die muosen in des jehen, 370
daʒ si zer werlde hêten beʒʒers niht gesehen.
des mohten si si gerne dâ ze hove tragen;
von beʒʒer recken wæte kunde niemen niht gesagen.

Vil grœʒlîche danken wart dâ niht verdeit. 371
dô gerten urloubes di helde vil gemeit,
in ritterlîchen zühten di herren tâten daʒ.
des wurden liehtiu ougen von weinen trüeb unde naʒ.

Si sprach: „vil lieber bruoder, ir möhtet noh bestân 372
unt wurbet ander frouwen (daʒ hieʒ ich wol getân),
dâ iu sô sêre enwâge stüende niht der lîp.
ir muget hie nâher vinden ein alsô hôchgeborn wîp.“

Ich wæn in sagt ir herze daʒ in dâ von geschach. 373
si weinten al gelîche, swaʒ iemen gesprach.
ir golt in vor den brüsten wart von trähen sal,
die vielen in genôte von den ougen hin ze tal.

Si sprach: „herre Sîvrit, lât iu bevolhen sîn 374
ûf triuwe und ûf genâde den lieben bruoder mîn,
daʒ im iht gewerre in Prünhilde lant.“
daʒ lobte der vil küene in froun Kriemhilde hant.

Dô sprach der degen rîche: „ob mir mîn leben bestât, 375
sô sult ir aller sorgen, frouwe, haben rât.
ich bringen iu gesunden her wider an den Rîn,
daʒ wiʒʒet sicherlîchen.“ im neic daʒ scœne magedîn.

Ir goltvarwen schilde man truog in ûf den sant 376
unde brâhte in zuo zin alleʒ ir gewant.
ir ros hieʒ man in ziehen, si wolden rîten dan.
dâ wart von scœnen frouwen vil michel weinen getân.

Dô stuonden in den venstern diu minneclîchen kint. 377
ir scif mit dem segele daʒ ruort ein hôher wint.
die stolzen hergesellen di sâʒen ûf den Rîn.
dô sprach der künec Gunther: „wer sol nu scifmeister sîn?“

„Daʒ wil ich“, sprach Sîvrit, „ich kan iuch ûf der fluot 378
hinnen wol gefüeren, daʒ wiʒʒet, helde guot.
die rehten waʒʒerstrâʒen die sint mir wol bekant.“
si schieden vrœlîchen ûʒ der Burgonden lant.

Sîvrit dô balde ein scalten gewan, 379
von stade begunde schieben der kreftige man.
Gunther der küene ein ruoder selbe nam.
dô huoben sich von lande die snellen riter lobesam.

Si fuorten rîche spîse, dar zuo guoten wîn, 380
den besten den man kunde vinden umben Rîn.
ir ros diu stuonden scône, si heten guot gemach.
ir scif daʒ gie vil ebene, vil lützel leides in gescach.

Ir vil starken segelseil diu wurden in gestraht, 381
si fuoren zweinzec mîle, ê daʒ eʒ wurde naht,
mit eime guoten winde nider gegen dem sê.
ir starkeʒ arbeiten tet sît den hôhgemuoten wê.

An dem zwelften morgen, sô wir hœren sagen, 382
heten si di winde verre dan getragen
gegen Îsensteine in Prünhilde lant,
daʒ was ir deheinem niwan Sîvride erkant.

Dô der künec Gunther sô vil der bürge sach 383
und ouch die wîten marke, wie balde er dô sprach:
„sagt mir, friwent Sîvrit, ist iu daʒ bekant,
wes sint dise bürge und ouch daʒ hêrlîche lant?“

Des antwurte Sîvrit: „eȥ ist mir wol bekant. 384
eȥ ist Prünhilde liute unde lant
und Îsenstein diu veste, als ir mich hôrtet jehen.
dâ muget ir noch hiute vil scœner frouwen gesehen

Unt wil iu helden râten, ir habt einen muot, 385
ir jehet gelîche, jâ dunket eȥ mich guot.
swenne wir noch hiute für Prünhilde gân,
sô müeȥen wir mit sorgen vor der küneginne stân.

Sô wir die minneclîchen bî ir gesinde sehen, 386
sô sult ir, helde mære, wan einer rede jehen,
Gunther sî mîn herre, und ich sî sîn man;
des er dâ hât gedingen, daȥ wirdet alleȥ getân.“

Des wâren si bereite, swaȥ er si loben hieȥ. 387
durch ir übermüete ir deheiner eȥ niht lieȥ,
si jâhen, swes er wolde; dâ von in wol gescach,
dô der künec Gunther die scœnen Prünhilde sach.

„Jane lob ihȥ niht sô verre durch die liebe dîn 388
sô durch dîne swester, daȥ scœne magedîn.
diu ist mir sam mîn sêle und sô mîn selbes lîp;
ich wil daȥ gerne dienen daȥ si werde mîn wîp.“

VII. ÂVENTIURE,

WIE GUNTHER PRÜNHILDE GEWAN.

In den selben zîten dô was ir scif gegân 389
der bürge alsô nâhen; dô sach der künec stân
oben in den venstern vil manege scœne meit.
daȥ er ir niht erkande, daȥ was Gunthere leit.

Er vrâgte Sîvrîde, den gesellen sîn: 390
„ist iu daȥ iht künde, umb disiu magedîn,
die dort her nider scouwent gein uns ûf die vluot?
swie ir herre heiȥe, si sint vil hôhe gemuot.“

Dô sprach der herre Sîvrit: „nu sult ir tougen spehen 391
under den juncfrouwen, und sult mir danne jehen
welhe ir nemen woldet, hetet irs gewalt.“
„daȥ tuon ich“, sprach Gunther, ein riter küen unde balt.

„Sô sihe ich ir eine in jenem venster stân, 392
in snêwîȥer wæte, diu ist sô wol getân,
die wellent mîniu ougen durch ir scœnen lîp.
ob ich gewalt des hête, si müese werden mîn wîp.“

„Dir hât erwelt vil rehte dîner ougen schîn, 393
eʒ ist diu edel Prünhilt, daʒ schœne magedîn,
nâch der dîn herze ringet, dîn sin unt ouch der muot.“
elliu ir gebærde diu dûhte Guntheren guot.

Dô hieʒ diu küneginne ûʒ den venstern gân 394
ir hêrlîche mägede, sin solden dâ niht stân
den vremden an ze sehene. des wâren si bereit.
waʒ dô die vrouwen tâten, daʒ ist uns sider ouch geseit.

Gegen den unkunden strichen si ir lîp 395
des ie site hêten diu wætlîchen wîp.
an diu engen venster kômen si gegân,
dâ si die helde sâhen, daʒ wart durh schouwen getân.

Ir wâren niwan viere, die kômen in daʒ lant. 396
Sîfrit der küene ein ros zôch ûf den sant;
daʒ sâhen durch diu venster diu wætlîchen wîp,
des dûhte sich getiuret des künec Guntheres lîp.

Er habt im dâ bî zoume daʒ zierlîche marc, 397
guot unde schœne, vil michel unde starc,
unz der künic Gunther in den satel gesaʒ.
alsô diente im Sîfrit, des er doch sît vil gar vergaʒ.

Dô zôh er ouch daʒ sîne von dem schiffe dan. 398
er het solhen dienest vil selten ê getân,
daʒ er bî stegereife gestüende helede mêr.
daʒ sâhen durch diu venster die vrouwen schœn unde hêr.

Rehte in einer mâʒe den helden vil gemeit 399
von snêblanker varwe ir ros und ouch ir kleit
wâren vil gelîche, ir schilde wol getân,
die lûhten von den handen den vil wætlîchen man.

Ir sätel wol gesteinet, ir fürbüege smal, 400
si riten hêrlîche für Prünhilde sal,
dar an hiengen schellen von liehtem golde rôt.
si kômen zuo dem lande, als eʒ ir ellen in gebôt,

Mit spern niuwesliffen, mit swerten wol getân, 401
diu ûf die sporn giengen den wætlîchen man;
diu fuorten die vil küenen, scharpf unde breit.
daʒ sach alleʒ Prünhilt, diu vil hêrlîche meit.

Mit im kômen dô Dancwart und ouch Hagene. 402
wir hœren sagen mære, wie die degene
von rabenswarzer varwe truogen rîchiu kleit.
ir schilde wâren schœne, michel, guot unde breit.

Von Indîâ dem lande man sach si steine tragen; 403
die kôs man an ir wæte vil hêrlîche wagen.
si lie3en âne huote ir schiffel bî der fluot;
sus riten zuo der bürge die helde küene unde guot.

Sehs unt ahzec türne si sâhen drinne stân, 404
drî palas wîte unt einen sal wol getân
von edelem marmelsteine grüene alsam ein gras,
dar inne selbe Prünhilt mit ir ingesinde was.

Diu burc was entslo33en, vil wîte ûf getân. 405
dô liefen in engegene die Prünhilde man
unt enpfiengen dise geste in ir vrouwen lant.
ir ros hie3 man behalten unt ir schilde von der hant.

Dô sprach ein kamerære: „ir sult uns geben diu swert 406
unt ouch die liehten brünne“. „des sît ir ungewert“,
sprach von Tronege Hagene, „wir wellens selbe tragen.“
dô begonde im Sîfrit dâ von diu rehten mære sagen:

„Man pfliget in dirre bürge, da3 wil ich iu sagen, 407
da3 neheine geste hie wâfen sulen tragen.
nu lât si tragen hinnen, da3 ist wol getân.“
des volgte vil ungerne Hagene Guntheres man.

Man hie3 den gesten schenken und schuof in ir gemach. 408
vil manigen snellen recken man dâ ze hove sach
in fürstlîcher wæte allenthalben gân;
doch wart michel schouwen an die küenen getân.

Dô wart vroun Prünhilde gesaget mit mæren, 409
da3 unkunde recken dâ komen wæren
in hêrlîcher wæte gevlo33en ûf der fluot.
dâ von begonde vrâgen diu maget schœne unde guot.

„Ir sult mich lâ3en hœren“, sprach diu künegîn, 410
„wer di vil unkunden recken mügen sîn.
die in mîner bürge sô hêrlîche stân,
unt durch wes liebe die helde her gevarn hân.“

Dô sprach ein ir gesinde: „vrouwe, ich mac wol jehen, 411
da3 ich ir deheinen nie mêr habe gesehen.
wan gelîche Sîfrîde einer darunder stât.
den sult ir wol enpfâhen, da3 ist mit triuwen mîn rât.

Der ander der gesellen der ist sô lobelîch, 412
ob er gewalt des hête, wol wær er künic rîch
ob wîten fürsten landen, und maht er diu gehân.
man siht in bî den andern sô rehte hêrlîche stân.

Der dritte der gesellen der ist sô gremelîch, 413
unt doch mit schœnem lîbe, küneginne rîch,
von swinden sînen blicken, der er sô vil getuot.
er ist in sînen sinnen, ich wæne, grimme gemuot.

Der jungeste darunder der ist sô lobelîch, 414
magtlîcher zühte sihe ich den degen rîch
mit guotem gelæʒe sô minneclîche stân.
wir möhtenʒ alle fürhten, hete im hie iemen iht getân.

Swie blîde er pflege der zühte, und swie schœne sî sîn lîp, 415
er möhte wol erweinen vil wætlîchiu wîp,
swenn er begonde zürnen. sîn lîp ist sô gestalt,
er ist in allen tugenden ein degen küene unde balt.“

Dô sprach diu küneginne: „nu brinc mir mîn gewant. 416
und ist der starke Sîfrit komen in diʒ lant
durch willen mîner minne, eʒ gât im an den lîp.
ine fürhte in niht sô sêre, daʒ ich werde sîn wîp.“

Prünhilt diu schœne wart schiere wol gekleit. 417
dô gie mit ir dannen vil manic schœniu meit,
wol hundert oder mêre, gezieret was ir lîp:
eʒ wolden sehen die geste diu vil wætlîchen wîp.

Dâ mit giengen degene dâ ûʒ Îslant, 418
die Prünhilde recken, die truogen swert enhant,
fünf hundert oder mêre. daʒ was den gesten leit.
dô stuonden von dem sedele die helde küene unt gemeit.

Dô diu küneginne Sîfriden sach, 419
nu muget ir gerne hœren, wie diu maget sprach:
„sît willekomen, Sîfrit, her in ditze lant.
waʒ meinet iuwer reise? gerne het ich daʒ bekant.“

„Vil michel iwer genâde, mîn vrou Prünhilt, 420
daʒ ir mich ruochet grüeʒen, fürsten tohter milt,
vor disem edelen recken, der hie vor mir stât;
wan der ist mîn herre, der êren het ich gerne rât.

Er ist geborn von Rîne, waʒ sol ich sagen mêr? 421
durch die dîne liebe sîn wir gevarn her.
der wil dich gerne minnen, swaʒ im dâ von geschiht.
nu bedenke dichs bezîte, mîn herre erlâʒet dich es niht.

Er ist geheiʒen Gunther und ist ein künic hêr. 422
erwurbe er dîne minne, sone gert er nihtes mêr.
ja gebôt mir her ze varne der recke wol getân,
möht ich es im hân geweigert, ich het iʒ gerne verlân.“

Si sprach: ,,ist er dîn herre unt bistu sîn man, 423
diu spil, diu ich im teile, getar er diu bestân,
behabt er des die meisterschaft, sô wird ich sîn wîp:
unt ist daʒ ich gewinne, eʒ gêt iu allen an den lîp.“

Dô sprach von Tronege Hagene: ,,frouwe, lât uns sehen 424
iwer spil diu starken. ê daʒ iu müeste jehen
Gunther mîn herre, dâ müeseʒ herte sîn.
er trûwet wol erwerben ein alsô schœne magedîn.“

,,Den stein sol er werfen unt springen dar nâch, 425
den gêr mit mir schieʒen. lât iu niht sîn ze gâch.
ir muget wol hie verliesen die êre und ouch den lîp,
des bedenket iuch vil ebene“, sprach daʒ minneclîche wîp.

Sîfrit der küene zuo dem künege trat, 426
allen sînen willen er in reden bat
gegen der küneginne; er solde ân angest sîn:
,,ich sol iuch wol behüeten vor ir mit den listen mîn.“

Dô sprach der künec Gunther: ,,küneginne hêr, 427
nu teilt, swaʒ ir gebietet. unt wæres dannoch mêr,
daʒ bestüende ich alleʒ durch iwern schœnen lîp.
mîn houbet wil ich verliesen, ir enwerdet mîn wîp.“

Dô diu küneginne sîne rede vernam, 428
der spile bat sî gâhen, als ir dô daʒ gezam.
si hieʒ ir gewinnen ze strîte guot gewant,
ein prünne rôtes goldes unt einen guoten schildes rant.

Ein wâfenhemde sîdîn daʒ leit an diu meit, 429
daʒ in deheime strîte wâfen nie versneit,
von pfellel ûʒer Lybîâ. eʒ was vil wol getân,
von porten lieht gewürhte daʒ sach man schînen dar an.

Die zît wart disen recken in gelfe vil gedreut. 430
Dancwart unt Hagene die wâren ungefreut.
wi eʒ dem künege ergienge, des sorgete in der muot.
si dâhten: ,,unser reise diu ist uns recken niht ze guot.“

Die wîle was ouch Sîfrit, der wætlîche man, 431
ê iʒ iemen erfunde, in daʒ schif gegân,
da er sîne tarnkappen verborgen ligen vant.
dar in slouf er vil schiere, dô was er niemen bekant.

Er îlte hin widere, dô vant er recken vil, 432
dâ diu küneginne teilte ir hôhen spil.
dar gie er tougenlîche (von listen daʒ geschach),
alle die dâ wâren, daʒ in dâ niemen ensach.

Der rinc der was bezeiget, dâ solde daʒ spil geschehen 433
vor manigem küenen recken, die daʒ solden sehen.
mêr danne siben hundert die sach man wâfen tragen,
swem an dem spil gelunge, daʒ eʒ di helde solden sagen.

Dô was komen Prünhilt; gewâfent man die vant, 434
sam ob si solde strîten umb elliu küneges lant.
jâ truoc si ob den sîden vil manigen goldes zein,
ir minneclîchiu varwe dar under hêrlîche schein.

Dô kom ir gesinde, die truogen dar zehant 435
von alrôtem golde einen schildes rant,
mit stahelherten spangen, vil michel unde breit,
dar under spilen wolde diu vil minneclîche meit.

Der vrouwen schiltveʒʒel ein edel porte was. 436
dar ûfe lâgen steine grüene sam ein gras.
der lûhte maniger hande mit schîne wider daʒ golt.
er müeste wesen vil küene, dem diu vrouwe wurde holt.

Der schilt was under buckeln, als uns daʒ ist geseit, 437
wol drîer spannen dicke, den solde tragen diu meit.
von stahel unt ouch von golde rîch er was genuoc,
den ir kamerære selbe vierde kûme truoc.

Alsô der starke Hagene den schilt dar tragen sach, 438
mit grimmigen muote der helt von Tronege sprach:
„wâ nu, künic Gunther? wie vliesen wir den lîp!
der ir dâ gert ze minnen, diu ist des tiuveles wîp.“

Vernemt noch von ir wæte, der hete si genuoc. 439
von Azagouc der sîden einen wâfenroc si truoc,
edel unde rîche, ab des varwe schein
von der küneginne vil manic hêrlîcher stein.

Dô truoc man dar der vrouwen swære unde grôʒ 440
einen gêr vil scharpfen, den si alle zîte schôʒ,
starc unt ungefüege, michel unde breit,
der ze sînen ecken harte vreislîchen sneit.

Von des gêres swære hœret wunder sagen, 441
wol vierdehalbiu messe was dar zuo geslagen,
den truogen kûme drîe Prünhilde man.
Gunther der edele vil harte sorgen began.

Er dâhte in sînem muote: „waʒ sol ditze wesen? 442
der tiuvel ûʒ der helle wie kunder dâ vor genesen?
wær ich ze Burgonden mit dem lebene mîn,
si müeste hie vil lange vrî vor mîner minne sîn.“

Dô sprach Hagenen bruoder, der küene Dancwart: 443
„mich riuwet inneclîchen disiu hovevart.
nu hiezen wir ie recken, wi verliesen wir den lîp,
suln uns in disen landen nu verderben diu wîp.

Mich müet daz harte sêre, daz ich kom in diz lant. 444
unt hete mîn bruoder Hagene sîn wâfen an der hant,
unt ouch ich daz mîne, sô möhten sampfte gân
mit ir übermüete alle Prünhilde man.

Daz wizzet sicherlîchen, si soldenz wol bewarn. 445
unt het ich tûsent eide ze einem vride geswarn,
ê daz ich sterben sæhe den lieben herren mîn,
jâ müese den lîp verliesen daz vil schœne magedîn.“

„Wir solden ungevangen wol rûmen diz lant“, 446
sprach dô sîn bruoder Hagene, „unt heten wir daz gewant
des wir ze nôt bedurfen unt ouch diu swert vil guot,
sô wurde wol gesenftet der starken vrouwen übermuot.“

Wol hôrt diu maget edele waz der degen sprach. 447
mit smielendem munde si über ahsel sach:
„nu er dunke sich sô küene, sô traget in ir gewant,
ir vil scharpfen wâfen gebet den recken an die hant.“

Dô si diu swert gewunnen, alsô diu maget gebôt, 448
der vil küene Dancwart von vreuden wart rôt.
„nu spilen, swes si wellen“, sprach der vil snelle man,
„Gunther ist umbetwungen, sît daz wir unser wâfen hân.“

Diu Prünhilde sterke vil grœzlîche schein. 449
man truoc ir zuo dem ringe einen swæren stein,
grôz unt ungefüege, michel unde wel,
in truogen kûme zwelfe helde küene unde snel.

Den warf si zallen zîten, sô si den gêr verschôz. 450
der Burgonden sorge wurden harte grôz.
„wâfen“, sprach dô Hagene, „waz hât der künic ze trût!
jâ solde si in der helle sîn des übelen tiuvels brût.“

An vil wîzen armen si die ermel want, 451
si begonde vazzen den schilt an der hant.
den gêr si hôhe zuhte, dô gienc iz an den strît.
Gunther unt Sîfrit die vorhten Prünhilde nît.

Unde wære im Sîfrit niht ze helfe komen, 452
sô hete si dem künege sînen lîp benomen.
er gie dar tougenlîche unt ruort im sîne hant.
Gunther sîne liste vil harte sorclîch ervant.

„Waʒ hât mich gerüeret?“ dâhte der küene man. 453
dô sach er allenthalben, er vant dâ niemen stân.
er sprach: „ich pinʒ Sîfrit, der liebe vriunt dîn.
vor der küneginne soltu gar ân angest sîn.

Den schilt gip mir von hende unt lâ mich den tragen, 454
unde merke rehte, waʒ du mich hœrest sagen.
nu habe du die gebære, diu werc wil ich begân.“
do er in reht erkande, eʒ was im liebe getân.

„Nu hil du mîne liste, dine soltu niemen sagen, 455
sô mac diu küneginne vil lützel iht bejagen
an dir deheines ruomes, des si doch willen hât.
nu sihtu wie diu vrouwe vor dir unsorclîchen stât.“

Dô schôʒ vil krefteclîche diu hêrlîche meit 456
ûf einen schilt niuwen, michel unde breit,
den truoc an sîner hende daʒ Sigelinde kint.
daʒ fiwer spranc von stahele, alsam eʒ wæte der wint.

Des starken gêres snîde al durch den schilt gebrach, 457
daʒ man daʒ fiwer lougen ûʒ den ringen sach.
des schuʒʒes beide strûchten die kreftigen man,
wan diu tarnkappe, si wæren tôt dâ bestân.

Sîfride dem vil küenen von munde brast daʒ bluot. 458
vil balde spranc er widere, dô nam der helet guot
den gêr, den si geschoʒʒen im hete durch den rant;
den frumte ir dô hin widere des starken Sîfrides hant.

Er dâhte: „ich wil niht schieʒen daʒ schœne magedîn.“ 459
er kêrte des gêres snîde hinder den rucke sîn;
mit der gêrstangen er schôʒ ûf ir gewant,
daʒ eʒ erklanc vil lûte von sîner ellenthaften hant.

Daʒ fiwer stoup ûʒ ringen, alsam eʒ tribe der wint. 460
den schuʒ den schôʒ mit ellen daʒ Sigemundes kint.
sine mohte mit ir kreften des schuʒʒes niht gestân.
eʒ enhete der künic Gunther entriuwen nimmer getân.

Prünhilt diu schœne wie balde si ûf spranc: 461
„Gunther, riter edele, des schuʒʒes habe danc.“
si wânde, daʒ erʒ hête mit sîner kraft getân.
ir was dar nâch geslichen ein verre kreftiger man.

Dô gie si hin vil balde, zornec was ir muot; 462
den stein huop vil hôhe diu edel maget guot.
si swanc in krefteclîche vil verre von der hant;
dô spranc si nâch dem wurfe, ja erklanc ir alleʒ ir gewant.

Der stein der was gevallen wol zwelf klâfter dan, 463
den wurf brach mit sprunge diu maget wol getân.
dar gie der herre Sîfrit, dâ der stein gelac,
Gunther in dô wegete, der helt in werfenne pflac.

Sîfrit was küene, vil kreftec unde lanc. 464
den stein den warf er verrer, dar zuo er wîter spranc.
von sînen schœnen listen er hete kraft genuoc,
daʒ er mit dem sprunge den künic Gunther doch truoc.

Der sprunc der was ergangen, der stein der was gelegen. 465
dô sach man ander niemen wan Gunther den degen.
Prünhild diu schœne wart in zorne rôt,
Sîfrit hete geverret des künic Guntheres tôt.

Zuo zir ingesinde ein teil si lûte sprach, 466
dô si zent des ringes den helt gesunden sach:
„vil balde kumt her nâher, ir mâge unt mîne man,
ir sult dem künic Gunther alle wesen undertân.“

Dô leiten die vil küenen diu wâfen von der hant, 467
si buten sich ze füeʒen ûʒ Burgonden lant
Gunther dem rîchen, vil manic küener man.
si wânden, daʒ er hête diu spil mit sîner kraft getân.

Er gruoʒtes minneclîche, jâ was er tugende rîch. 468
dô nam in bî der hende diu maget lobelîch,
si erloubte im daʒ er solde haben dâ gewalt.
des freute sich dô Hagene, der degen küene unde balt.

Si bat den riter edele mit ir dannen gân 469
in den palas wîten. alsô daʒ wart getân,
do erbôt man eʒ den recken mit dienste deste baʒ.
Dancwart unt Hagene die muosenʒ lâʒen âne haʒ.

Sîfrit der snelle wîse was er genuoc. 470
sîne tarnkappen er aber behalten truoc.
dô gie er hin widere, dâ manic vrouwe saʒ.
er sprach zuo dem künige, unt tet vil wîslîche daʒ:

„Wes bîtet ir, mîn herre? wan beginnet ir der spil, 471
der iu diu küneginne teilet alsô vil?
unt lât uns balde schouwen wie diu sîn getân.“
sam ers niht enwesse, gebârte der listige man.

Dô sprach diu küneginne: „wie ist daʒ geschehen 472
daʒ ir habt, her Sîfrit, der spil niht gesehen,
diu hie hât errungen diu Guntheres hant?“
des antwurt ir Hagene ûʒer Burgonden lant.

Er sprach: „dâ het ir, vrouwe, betrüebet uns den muot, 473
dô was bî dem scheffe Sîfrit der helet guot,
dô der vogt von Rîne diu spil iu an gewan,
des ist eȝ im unkünde“, sprach der Guntheres man.

„Sô wol mich dirre mære“ sprach Sîfrit der degen, 474
„daȝ iuwer hôhverte ist alsô hie gelegen,
daȝ iemen lebet der iuwer meister müge sîn.
nu sult ir, maget edele, uns hinnen volgen an den Rîn.“

Dô sprach diu wol getâne: „des enmac niht ergân. 475
eȝ müeȝen ê bevinden mâge unt mîne man.
jane mag ich alsô lîhte gerûmen mîniu lant,
di mîne besten friunde müeȝen werden ê besant.“

Dô hieȝ si boten rîten allenthalben dan, 476
si besande ir vriunde, mâge unde man.
die bat si ze Îsensteine komen unerwant,
unt hieȝ in geben allen rîch unt hêrlîch gewant.

Si riten tägelîche spâte unde vruo 477
der Prünhilde bürge scharhafte zuo.
„jârâjâ“, sprach Hagene, „waȝ haben wir getân!
wir erbeiten hie vil übele der schœnen Prünhilde man.

Sô si nu mit ir krefte koment in daȝ lant 478
(der küneginne wille ist uns unbekant,
waȝ ob si alsô zürnet daȝ wir sîn verlorn?),
so ist uns diu maget edele ze grôȝen sorgen geborn.“

Dô sprach der starke Sîfrit: „daȝ sol ich understên. 479
des ir dâ habt sorge, des lâȝ ich niht ergên.
ich sol iu helfe bringen her in ditze lant
von ûȝ erwelten recken, die iu noch nie wurden bekant.

Ir sult nâch mir niht vrâgen, ich wil hinnen varn. 480
got müeȝ iuwer êre die zît wol bewarn.
ich kum schiere widere unt bringe iu tûsent man
der aller besten degene, der ich ie künde gewan.“

„Sone sît et niht ze lange“, sprach der künic dô. 481
„wir sîn iuwer helfe vil billîchen vrô.“
er sprach: „ich kum iu widere in vil kurzen tagen.
daȝ ir mich habt gesendet, daȝ sult ir Prünhilde sagen.“

VIII. ÂVENTIURE,

WIE SÎFRIT NACH SÎNEN MANNEN FUOR (Str. 482—528).

In der Tarnkappe geht Siegfried zum Hafen und fährt allein in einem Schifflein einen Tag und eine Nacht in sein Nibelungenland. Vor der Burg gibt er sich nicht zu erkennen, bezwingt den vorhütenden Riesen und den Zwerg Alberich. Mit tausend auserwählten Rittern kehrt er nach Isenstein zurück. Brünhild empfängt sie und läßt ihre Schätze unter die Gäste durch Dankwart verteilen, der ihr aber zu freigebig mit ihnen umgeht; 20 Truhen werden ihr fürs Burgundenland gefüllt. Sie bestellt einen Verwandten zum Vogt und nimmt 2000 Mann mit auf die Fahrt, 86 Frauen und 100 Mägde. Alle fahren nach Worms.

IX. ÂVENTIURE,

WIE SÎFRIT ZE WORMEZ GESANT WART (Str. 529—578).

Nach neun Tagen Fahrt entsendet Gunther Siegfried als Boten nach Worms, um ihre Ankunft und die Hochzeit anzukündigen und ihren Empfang vorbereiten zu lassen. Kriemhild schenkt ihm 24 Armringe als Botenlohn; die verteilt er unter ihr Gesinde. Der Wormser Hof richtet ein Lager am Rheinufer ein und rüstet sich emsig für das Fest.

X. ÂVENTIURE,

WIE PRÜNHILT ZE WORMEZ EMPFANGEN WART (Str. 579—689).

Auf der andern Seite des Rheins landen die Gäste aus Island und werden höfisch empfangen. Bei Beginn des Festmahls erinnert Siegfried Gunther an sein Versprechen; seine Verlobung wird dann der Sitte gemäß vollzogen. Brünhild weint; sie schämt sich für Kriemhild, von der sie glaubt, daß sie an einen Leibeigenen Gunthers kommt, und möchte davon laufen. Die Hochzeitsnacht wird für Siegfried zur Freude, nicht aber für Gunther; Brünhild, die Gunther zwingen will, sie über Siegfrieds Stellung am Hof aufzuklären, fesselt ihm mit ihrem Gürtel Füße und Hände, hängt ihn an der Wand am Nagel auf und löst ihn erst am Morgen.

Die beiden Paare werden am nächsten Tage im Münster eingesegnet. Als Gunther Siegfried sein Leid klagt, erklärt er sich bereit, ihm zu helfen. Nach dem Gastmahl geht er, in seiner Tarnkappe unsichtbar, in Gunthers Schlafgemach, zähmt in heftigem

Ringkampf Brünhild, ohne sie zu berühren, nimmt ihr einen Ring vom Finger und ihren Gürtel, die er später beide Kriemhild schenkt. Nun gibt sie sich Gunther hin; mit ihrer Jungfräulichkeit ist ihre Kraft gebrochen, so daß sie nicht mehr stärker ist als jede andere Frau. Vierzehn Tage Hochzeitsfeier. Große Geschenke an die Fahrenden und Bedürftigen.

XI. ÂVENTIURE.

WIE SÎFRIT MIT SINEM WÎBE HEIM ZE LANDE KOM (Str. 690—723).

Siegfried verzichtet auf das Vermögen seiner Frau; Kriemhild aber stellt lehnsrechtliche Ansprüche, die Hagen für sich und Ortwin ablehnt. Sie nimmt 32 Mägde und 500 Mann mit sowie den Grafen Eckewart. In Xanten wird das Paar noch kostbarer als in Worms empfangen. Siegmund überträgt Siegfried die Herrschaft. Im zehnten Jahr gebiert Kriemhild einen Sohn, der nach dem Oheim Gunther genannt wird. Sieglind stirbt. Brünhild gebiert einen Sohn, Siegfried. Die Macht und der Hort Siegfrieds.

XII. ÂVENTIURE,

WIE GUNTHER SÎFRIDEN ZUO DER HÔCHZÎT BAT (Str. 724—777).

Brünhild, die Siegfrieds Lehnsdienste vermißt, bewegt Gunther, Siegfried und Kriemhild zur Sonnenwende einzuladen. Dreißig Mann unter Graf Gere reiten zur Nibelungenburg in der Mark Norwegen, überbringen die Einladung und werden freundlich aufgenommen. Auch Siegmund will mitreisen. Gere meldet seinen Herrn in Burgund die Annahme der Einladung. Unter der Aufsicht von Hunold und Sindold, von Ortwin und dem kuchenmeister *Rumold bereitet man in Worms das Fest vor.*

XIII. ÂVENTIURE,

WIE SÎFRIT MIT SÎNEM WÎBE ZUO DER HÔCHZÎT FUOR (Str. 778—813).

Siegfried und Kriemhild reiten ohne ihr Söhnlein, aber mit Siegmund nach Worms. Ehrenvoller Empfang. Gastmahl. Am nächsten Morgen Musik und Spiel, dann Messe und Tafel. So geht es bis zum 11. Tag.

XIV. ÂVENTIURE,

WIE DIE KÜNIGINNE EIN ANDER SCHULTEN.

Vor einer vesperzîte huop sich grôʒ ungemach, 814
daʒ von manigem recken ûf dem hove geschach.
si pflâgen riterschefte durch kurzewîle wân.
dô liefen dar durch schouwen vil manic wîp unde man.

Ze samene dô gesâʒen die küneginne rîch, 15
si gedâhten zweier recken, die wâren lobelîch.
dô sprach diu schœne Kriemhilt: „ich hân einen man,
daʒ elliu disiu rîche zuo sînen handen solden stân."

Dô sprach diu vrouwe Prünhilt: „wie kunde daʒ gesîn? 816
ob ander niemen lebete wan sîn unde dîn,
sô möhten im diu rîche wol wesen undertân,
die wîle lebet Gunther, sô kundeʒ nimmer ergân."

Dô sprach aber Kriemhilt: „nu sihestu, wie er stât, 817
wie rehte hêrlîche er vor den recken gât,
alsam der liehte mâne vor den sternen tuot?
des muoʒ ich von schulden tragen vrœlîchen muot."

Dô sprach diu vrouwe Prünhilt: „swi wætlîch sî dîn man, 818
swi biderbe und swi schœne, sô muost du vor im lân
Gunther den recken, den edeln bruoder dîn;
der muoʒ vor allen künegen, daʒ wiʒʒest wærlîche, sîn."

Dô sprach diu vrouwe Kriemhilt: „sô tiwer ist wol mîn man, 819
daʒ ich in âne schulde niht gelobet hân.
an vil manegen dingen ist sîn êre grôʒ.
geloubestu des, Prünhilt, er ist wol Guntheres genôʒ."

„Jane solt du mirʒ, Kriemhilt, ze arge niht verstân, 820
wand ich âne schulde die rede niht hân getân.
ich hôrt si jehen beide, dô ichs aller êrste sach,
und dâ des küneges wille an mîme lîbe geschach,

Unt dâ er mîne minne sô riterlîch gewan, 821
dô jach des selbe Sîfrit, er wære sküneges man.
des hân ich in für eigen, sît ichs in hôrte jehen."
dô sprach diu schœne Kriemhilt: „sô wær mir übele geschehen.

Wie heten sô geworben die edelen bruoder mîn, 822
daʒ ich eigenmannes wine solde sîn?
des wil ich dich, Prünhilt, vil vriuntlîchen biten
daʒ du die rede lâʒest durch mich mit güetlîchen siten."

„Ine mac ir niht gelâȝen“, sprach des küneges wîp. 823
„zwiu sold ich verkiesen sô maniges riters lîp,
der uns mit dem degene dienstlîch ist undertân?“
Kriemhilt diu vil schœne vil sêre zürnen began.

„Du muost in verkiesen, daȝ er dir immer bî 824
wone deheiner dienste. er ist tiwerr danne sî
Gunther mîn bruoder, der vil edel man.
du solt mich des erlâȝen, daȝ ich von dir vernomen hân.

Unde nimet mich immer wunder, sît er dîn eigen ist, 825
unt daȝ du über uns beide sô gewaltec bist,
daȝ er dir sô lange den zins verseȝȝen hât.
der dîner übermüete sold ich von rehte haben rât.“

„Du ziuhest dich ze hôhe“, sprach des küniges wîp. 826
„nu wil ich sehen gerne, ob man den dînen lîp
habe ze solhen êren, sô man den mînen tuot.“
die vrouwen wurden beide vil sêre zornec gemuot.

Dô sprach diu vrouwe Kriemhilt: „daȝ muoȝ et nû geschehen, 827
sît du mînes mannes für eigen hâst verjehen,
nu müeȝen hiute kiesen der beider künige man,
ob ich vor küniges wîbe zem münster türre gegân.

Du muost daȝ hiute schouwen, daȝ ich bin adelvrî, 828
unt daȝ mîn man ist tiwerr danne der dîne sî,
dâ mit wil ich selbe niht bescholten sîn.
du solt noch hînte kiesen wie diu eigene diu dîn

Ze hove gê vor recken in Burgonden lant. 829
ich wil selbe wesen tiwerr danne iemen habe bekant
deheine küneginne diu krône ie her getruoc.“
dô huop sich under den vrouwen des grôȝen nîdes genuoc.

Dô sprach aber Prünhilt: „wiltu niht eigen sîn, 830
sô muostu dich scheiden mit den vrouwen dîn
von mînem ingesinde, dâ wir zem münster gân.“
des antwurte Kriemhilt: „entriuwen, daȝ sol sîn getân.“

„Nu kleidet iuch, mîn meide“, sprach Sîfrides wîp, 831
„eȝ muoȝ âne schande belîben hie mîn lîp.
ir sult wol lâȝen schouwen, und habt ir rîche wât.
si mac sîn gerne lougen, des Prünhilt verjehen hât.“

Man moht in lîhte râten, si suochten rîchiu kleit; 832
dâ wart vil wol gezieret manic vrouwe unde meit.
dô gie mit ir gesinde des edelen küniges wîp;
dô wart ouch wol gezieret der schœnen Kriemhilden lîp,

Mit drîn und vierzec mägeden, di brâhte si an den Rîn, 833
die truogen liehte pfelle geworht in Arâbîn.
sus kômen zuo dem münster die meide wol getân,
ir warten vor dem hûse alle Sîfrides man.

Die liute nam des wunder, wâ von daʒ geschach, 834
daʒ man die küneginne alsô gescheiden sach,
daʒ si bî ein ander niht giengen alsam ê.
dâ von wart manigem degene sît vil sorclîchen wê.

Hie stuont vor dem münster daʒ Guntheres wîp. 835
dô hete kurzewîle vil maniges riters lîp
mit den schœnen vrouwen der si dâ nâmen war.
dô kom diu vrouwe Kriemhilt mit maniger hêrlîchen schar.

Swaʒ kleider ie getruogen edeler riter kint, 836
wider ir gesinde daʒ was gar ein wint.
si was sô rîch des guotes, daʒ drîʒec künige wîp
eʒ möhten niht erziugen daʒ tete Kriemhilde lîp.

Ob iemen wünschen solde, der kunde niht gesagen, 837
daʒ man sô rîchiu kleider gesæhe ie mê getragen,
alsô dâ ze stunden truogen ir meide wol getân.
wan ze leide Prünhilde, eʒ hete Kriemhilt verlân.

Ze samene si dô kômen vor dem münster wît. 838
eʒ tet diu hûsvrouwe durch einen grôʒen nît,
si hieʒ vil übellîche Kriemhilde stille stân:
„jâ sol vor küniges wîbe nimmer eigendiu gegân.“

Dô sprach diu frouwe Kriemhilt, zornec was ir muot: 839
„kundestu noch geswîgen, daʒ wære dir guot.
du hâst geschendet selbe den dînen schœnen lîp,
wie möhte mannes kebse werden immer küniges wîp?“

„Wen hâstu hie verkebset?“ sprach dô des küniges wîp. 840
„daʒ tuon ich dich“, sprach Kriemhilt. „den dînen schœnen lîp
den minnet êrste Sîfrit, der mîn vil lieber man.
jane was eʒ niht mîn bruoder, der dir den magetuom an gewan.

War kômen dîne sinne? eʒ was ein arger list. 841
zwiu lieʒe du in minnen, sît er dîn eigen ist?
ich hœre dich“, sprach Kriemhilt, „ân alle schulde klagen.“
„entriuwen“, sprach dô Prünhilt, „daʒ wil ich Gunthere sagen.“

„Waʒ mac mir daʒ gewerren? dîn übermuot dich hât betrogen, 842
du hâst mich ze dienste mit rede dich an gezogen.
daʒ wiʒʒe in rehten triuwen, eʒ ist mir immer leit,
getriuwer heinlîche sol ich dir wesen umbereit.“

Prünhilt dô weinde, Kriemhilt niht langer lie, 843
vor des küniges wîbe inʒ münster si dô gie
mit ir ingesinde. dâ huop sich grôʒer haʒ,
des wurden liehtiu ougen vil starke trüeb unde naʒ

Swie vil man gote gediende oder iemen dâ gesanc, 844
des dûhte Prünhilde diu wîle gar ze lanc,
wand ir was vil trüebe der lîp und ouch der muot.
des muose sît engelten manic helet küen unde guot.

Prünhilt mit ir frouwen gie für daʒ münster stân. 845
si gedâhte: „mich muoʒ Kriemhilt mêre hœren lân,
des mich sô lûte zîhet daʒ wortræʒe wîp.
hât er sich es gerüemet, eʒ gêt an Sîfrides lîp.“

Nu kom diu edele Kriemhilt mit manigem küenem man. 846
dô sprach diu vrouwe Prünhilt: „ir sult noch stille stân.
ir jâhet mîn·ze kebesen, daʒ sult ir lâʒen sehen.
mir ist von iuwern sprüchen, daʒ wiʒʒet, leide geschehen.“

Dô sprach diu vrouwe Kriemhilt: „ir möhtet mich lâʒen gân. 847
ich erziugeʒ mit dem golde, daʒ ich an der hende hân,
daʒ brâhte mir mîn vriedel, dô er êrste bî iu lac.“
nie gelebte Prünhilt deheinen leideren tac.

Si sprach: „diʒ golt vil edele daʒ wart mir verstoln 848
und ist mich harte lange vil übele vor verholn,
ich kum es an ein ende, wer mir eʒ hât genomen.“
die vrouwen wâren beide in grôʒ ungemüete komen.

Dô sprach aber Kriemhilt: „ine wils niht wesen diep. 849
du möhtes wol gedaget hân, und wær dir êre liep.
ich erziugeʒ mit dem gürtel, den ich hie umbe hân,
daʒ ich niht enliuge, jâ wart mîn Sîfrit dîn man.“

Von Ninnivê der sîden si den porten truoc, 850
mit edelem gesteine, jâ was er guot genuoc.
dô den gesach vrou Prünhilt, weinen si began,
daʒ muose vreischen Gunther und alle Burgonden man.

Dô sprach diu küneginne: „heiʒet here gân 851
den fürsten vonme Rîne. ich wil in hœren lân,
wie mich hât gehœnet sîner swester lîp.
si sagt hie offenlîche, ich sî Sîfrides wîp.“

Der künic kom mit recken, weinen er dô sach 852
di sînen triutinne; wie güetlîch er sprach:
„saget mir, liebiu vrouwe, wer hât iu iht getân?“
si sprach zuo dem künige: „ich muoʒ unvrœlîche stân.

Von allen mînen êren mich diu swester dîn 853
gerne wolde scheiden. dir sol geklaget sîn,
si giht, mich habe gekebset Sîfrit ir man."
dô sprach der künec Gunther: „sô hetes übele getân."

„Si treit hie mînen gürtel, den ich hân verlorn, 854
und mîn golt daȥ rôte. daȥ ich ie wart geborn,
daȥ riuwet mich vil sêre, dun beredest, künic, mich
der vil grôȥen schande, daȥ diene ich immer umbe dich."

Dô sprach der künic Gunther: „er sol her füre gân. 855
hât er sichs gerüemet, daȥ sol er hœren lân,
oder sîn muoȥ lougen der helt ûȥ Niderlant."
den Kriemhilde vriedel hieȥ man bringen sâ zehant.

Dô der herre Sîfrit di ungemuoten sach, 856
ern wesse niht der mære; wie balde er dô sprach:
„waȥ weinent dise vrouwen? daȥ het ich gerne erkant;
oder von welhen schulden mich der künic habe besant."

Dô sprach der künic Gunther: „dâ ist mir harte leit, 857
mir hât mîn vrouwe Prünhilt ein mære hie geseit,
du habes dich des gerüemet, daȥ du ir schœnen lîp
allerêrst habes geminnet, daȥ sagt vrou Kriemhilt dîn wîp."

Dô sprach der herre Sîfrit: „und hât si daȥ geseit, 858
ê daȥ ich erwinde, eȥ sol ir werden leit,
und wil dir daȥ enpfüeren vor allen dînen man
mit mînen hôhen eiden, daȥ ich irs niht gesaget hân."

Dô sprach der künic von Rîne: „daȥ soltu lâȥen sehen. 859
den eit den du biutest, unt mac der hie geschehen,
aller valschen dinge wil ich dich ledic lân."
man hieȥ zuo dem ringe die stolzen Burgonden stân.

Sîfrit der vil küene zem eide bôt die hant. 860
dô sprach der künic rîche: „mir ist sô wol bekant
iuwer grôȥ unschulde; ich wil iuch ledic lân,
des iuch mîn swester zîhet, daȥ ir des niene habt getân."

Dô sprach aber Sîfrit: „geniuȥet es mîn wîp, 861
daȥ si hât ertrüebet den Prünhilde lîp,
daȥ ist mir sicherlîchen âne mâȥe leit."
dô sâhen zuo zein ander die guoten rîter gemeit.

„Man sol sô vrouwen ziehen", sprach Sîfrit der degen, 862
„daȥ si üppeclîche sprüche lâȥen under wegen.
verbiut eȥ dînem wîbe, der mînen tuon ich sam.
ir grôȥen ungefüege ich mich wærlîchen scham."

Mit rede was gescheiden manic schœne wîp. 863
dô trûret alsô sêre der Prünhilde lîp,
daʒ eʒ erbarmen muose die Guntheres man.
dô kom von Tronege Hagene zuo sîner vrouwen gegân.

Er vrâgete waʒ ir wære, weinende er si vant. 864
dô sagte si im diu mære. er lobet ir sâ zehant,
daʒ eʒ erarnen müese der Kriemhilde man,
oder er wolde nimmer dar umbe vrœlîch gestân.

Zuo der rede kômen Ortwîn und Gêrnôt 865
dâ die helde rieten den Sîfrides tôt.
dar zuo kom ouch Gîselher, der edelen Uoten kint.
dô er ir rede gehôrte, er sprach getriulîche sint:

„Ir vil guoten recken, war umbe tuot ir daʒ? 866
jane gediente Sîfrit nie alsolhen haʒ,
daʒ er dar umbe solde verliesen sînen lîp.
jâ ist es harte lîhte, dar umbe zürnent diu wîp.“

„Suln wir gouche ziehen?“ sprach aber Hagene: 867
„des habent lützel êre sô guote degene.
daʒ er sich hât gerüemet der lieben vrouwen mîn,
dar umbe wil ich sterben, eʒ engê im an daʒ leben sîn.“

Dô sprach der künic selbe: „ern hât uns niht getân 868
niwan guot und êre; man sol in leben lân.
waʒ touc ob ich dem recken wære nu gehaʒ?
er was uns ie getriuwe und tet vil willeclîche daʒ.“

Dô sprach von Metzen der degen Ortwîn: 869
„jane kan in niht gehelfen diu grôʒe sterke sîn.
erloubet mirʒ mîn herre, ich getuon im alleʒ leit.“
dô heten im die helde âne schulde widerseit.

Sîn gevolgte niemen, niwan daʒ Hagene 870
riet in allen zîten Gunther dem degene,
ob Sîfrit niht enlebte, sô wurde im undertân
vil der künege lande. der helt des trûren began.

Dô lieʒen siʒ belîben, spilen man dô sach. 871
hey waʒ man starker schefte vor dem münster brach
vor Sîfrides wîbe al zuo dem sale dan!
dô wâren in unmuote genuoge Guntheres man.

Der künic sprach: „lât belîben den mortlîchen zorn. 872
er ist uns ze sælden unt ze êren geborn.
ouch ist sô starc grimme der wundernküene man,
ob er sîn innen wurde, sô torste in niemen bestân.“

„Nein er“, sprach dô Hagene, „ir muget wol stille dagen, 873
ich getrûweʒ heinlîche alsô wol an getragen,
daʒ Prünhilde weinen sol im werden leit.
jâ sol im von Hagenen immer wesen widerseit.“

Dô sprach der künic Gunther: „wie möhte daʒ ergân?“ 874
des antwurte Hagene: „ich wilʒ iuch hœren lân.
wir heiʒen boten rîten zuo uns in daʒ lant
widersagen offenlîche, die hie niemen sîn bekant.

Sô jehet ir vor den gesten, daʒ ir und iuwer man 875
wellet herverten. alsô daʒ ist getân,
sô lobet er iu dar dienen; des vliuset er den lîp;
sô ervare ich uns diu mære ab des küenen recken wîp.“

Der künic gevolget übele Hagenen sînem man. 876
die starken untriuwe begonden tragen an,
ê iemen daʒ erfunde, die riter ûʒ erkorn.
von zweier vrouwen bâgen wart vil manic helt verlorn.

XV. ÂVENTIURE,

WIE SÎFRIT VERRÂTEN WART.

An dem vierden morgen zwên und drîʒec man 877
sach man ze hove rîten. daʒ wart dô kunt getân
Gunther dem vil rîchen, im wære widerseit.
von lüge erwuohsen vrouwen diu aller grœʒesten leit.

Urloup si gewunnen, daʒ si für solden gân, 878
und jâhen daʒ si wæren die Liudegêres man,
den ê dâ hete betwungen diu Sîfrides hant
unt in ze gîsel brâhte in daʒ Guntheres lant.

Die boten er dô gruoʒte und hieʒ si sitzen gân. 879
ir einer sprach dar under: „herre, lât uns stân,
unz wir sagen mære, diu iu enboten sint.
jâ habet ir ze vîende, daʒ wiʒʒet, maniger muoter kint.

Iu widersaget Liudegast unde Liudegêr, 880
den ir dâ wîlen tâtet diu gremlîchen sêr;
die wellent zuo ziu rîten mit her in ditze lant.“
der künic begonde zürnen, do er diu mære bevant.

Dô hieʒ man die meinræten zen herbergen varn. 881
wie mohte sich her Sîfrit dô dâ vor bewarn,
er oder ander iemen, daʒ si dâ truogen an?
daʒ wart sît in selben ze grôʒem leide getân.

Der künic mit sînen vriunden rûnende gie. 882
Hagene von Tronege in nie geruowen lie.
noch heten eʒ gescheiden genuoge sküniges man,
dône wolt et Hagene nie des râtes abe gân.

Eines tages Sîfrit si rûnende vant. 883
dô begonde vrâgen der helt von Niderlant:
„wie gât sô trûreclîche der künic unt sîne man?
daʒ hilfe ich immer rechen, hât im iemen iht getân.“

Dô sprach der herre Gunther: „mir ist von schulden leit. 884
Liudegast und Liudegêr die habent mir widerseit.
si wellent offenlîchen rîten in mîn lant.“
dô sprach der degen küene: „daʒ sol diu Sîfrides hant

Nâch allen iuwern êren mit vlîʒe understân. 885
ich getuon noch den degenen, als ich hân ê getân,
ich gelege in wüeste ir bürge und ouch ir lant,
ê daʒ ich erwinde; des sî mîn houbet iuwer pfant.

Ir unt iuwer recken sult hie heime bestân, 886
und lât mich zuo zin rîten mit den, die ich hân.
daʒ ich iu gerne diene, daʒ lâʒ ich iuch sehen;
von mir sol iwern vînden, daʒ wiʒʒet, leide geschehen.“

„Sô wol mich dirre mære“, sprach der künic dô, 887
als ob er ernstlîche der helfe wære vrô.
in valsche neig im tiefe der ungetriuwe man.
dô sprach der herre Sîfrit: „ir sult kleine sorge hân.“

Dô schihten si die reise mit den knehten dan, 888
Sîfride und den sînen ze sehen eʒ was getân.
dô hieʒ er sich bereiten die von Niderlant,
die Sîfrides recken die suochten strîtlîch gewant.

Dô sprach der starke Sîfrit: „mîn vater Sigemunt, 889
ir sult hie belîben. wir komen in kurzer stunt,
gît uns got gelücke, her wider an den Rîn.
ir sult bî dem künige hie vil vrœlîche sîn.“

Diu zeichen si ane bunden, alsô si wolden dan. 890
dâ wâren genuoge di Guntheres man,
dine wessen niht der mære, wâ von eʒ was geschehen,
man mohte grôʒ gesinde dô bî Sîfride sehen.

Ir helme und ouch ir prünne si bunden ûf diu marc, 891
sich bereite vome lande vil manic ritter starc.
dô gie von Tronege Hagene, da er Kriemhilde vant,
unt bat im geben urloup, si wolden rûmen daʒ lant.

„Nu wol mich“, sprach dô Kriemhilt, „daȥ ich ie gewan den man 892
der mînen lieben vriunden sô wol tar vor gestân,
alsô mîn herre Sîfrit tuot den vriunden mîn.
des wil ich hôhes muotes“, sprach diu küneginne, „sîn.

Vil lieber vriunt Hagene, gedenket an daȥ, 893
daȥ ich iu gerne diene und noch nie wart gehaȥ.
des lâȥet mich genieȥen an mînem lieben man.
ern sol des niht engelten, hab ich Prünhilde iht getân.

Daȥ hât mich sît gerouwen“, sprach daȥ edel wîp. 894
„ouch hât er sô zerblouwen dar umbe mînen lîp;
daȥ ich iȥ ie geredete, daȥ beswârte ir den muot,
daȥ hât vil wol errochen der helet küene unde guot.“

Er sprach: „ir wert versüenet her nâch disen tagen. 895
Kriemhilt, liebiu vrouwe, jâ sult ir mir sagen,
wie ich iu müge gedienen an Sîfride iuwerm man.
daȥ tuon ich gerne, vrouwe, wand ihs niemen baȥ engan.“

„Ich wære ân alle sorge“, sprach daȥ edel wîp, 896
„daȥ im iemen næme in sturme sînen lîp,
ob er niht wolde volgen sîner übermuot;
sô wære immer sicher der degen küene unde guot.“

„Vrouwe“, sprach dô Hagene, „unt habet ir des wân, 897
daȥ man in müge versnîden, ir sult mich wiȥȥen lân,
mit wie getânen listen ich daȥ sol understên.
ich wil im ze huote immer rîten unde gên.“

Si sprach: „du bist mîn mâc, sô bin ich der dîn. 898
ich bevilhe dir mit triuwen den holden wine mîn,
daȥ du mir wol behüetest den mînen lieben man.“
si saget im kundiu mære, diu beȥȥer wæren verlân.

Si sprach: „mîn man ist küene und dar zuo starc genuoc. 899
do er den lintrachen an dem berge sluoc,
jâ badete sich in dem bluote der recke vil gemeit,
dâ von in sît in stürmen nie dehein wâfen versneit.

Iedoch bin ich in sorgen, swenn er in strîte stât 900
und vil der gêrschüȥȥe von helde handen gât,
daȥ ich dâ verliese den mînen lieben man.
hey waȥ ich grôȥer leide dicke umbe Sîfriden hân!

Ich meld iȥ ûf genâde, vil lieber vriunt, dir, 901
daȥ du dîne triuwe behaltest an mir.
dâ man dâ mac verhouwen den mînen lieben man,
daȥ lâȥ ich dich hœren; deist ûf genâde getân.

Dô von des trachen wunden vlôʒ daʒ heiʒe bluot 9
und sich dar inne badete der küene riter guot,
dô viel im zwischen di herte ein linden blat vil breit.
dâ mac man in versnîden; des ist mir sorgen vil bereit.“

Dô sprach von Tronege Hagene: „ûf daʒ sîn gewant 9
næt ir ein kleineʒ zeichen. dâ bî ist mir bekant,
wâ ich in müge behüeten, sô wir in sturme stân.“
si wânden helet vristen, eʒ was ûf sînen tôt getân.

Si sprach: „mit kleinen sîden næ ich ûf sîn gewant 9
ein tougenlîcheʒ kriuze. dâ sol, helt, dîn hant
den mînen man behüeten, so eʒ an die herte gât,
swenn er in den stürmen vor sînen vîanden stât.“

„Daʒ tuon ich“, sprach dô Hagene, „vil liebiu vrouwe mîn.“ 9
dô wând ouch des diu vrouwe, eʒ sold im vrume sîn,
dô was dâ mit verrâten der Kriemhilde man.
urloup nam dô Hagene, dô gie er vrœlîche dan.

Des küniges ingesinde was alleʒ wol gemuot. 9
ich wæn immer recke deheiner mêr getuot
sô grôʒer meinræte, sô dâ von im ergie,
dô sich an sîne triuwe Kriemhilt diu küneginne lie.

Des anderen morgens mit tûsent sîner man 9
reit der herre Sîfrit vil vrœlîchen dan.
er wând er solde rechen der sîner vriunde leit.
Hagene im reit sô nâhen, daʒ er geschouwete diu kleit.

Als er gesach daʒ bilde, dô schiht er tougen dan, 9
di sageten ander mære, zwêne sîner man;
mit vride solde belîben daʒ Guntheres lant,
und si hete Liudegêr zuo dem künige gesant.

Wi ungerne Sîfrit dô hin wider reit, 9
ern het etewaʒ errochen sîner vriunde leit!
wand in vil kûm erwanden die Guntheres man.
dô reit er zuo dem künige, der wirt im danken began.

„Nu lôn iu got des willen, vriunt Sîfrit. 9
daʒ ir sô willeclîche tuot, des ich iuch bit,
daʒ sol ich immer dienen, als ich von rehte sol.
vor allen mînen vriunden sô getrouwe ich iu wol.

Nu wir der herverte ledic worden sîn, 9
sô wil ich jagen rîten bern unde swîn
hin zem Waskenwalde, als ich vil dicke hân.“
daʒ hete gerâten Hagene, der vil ungetriuwe man.

„Allen mînen gesten sol man daʒ sagen, 912
daʒ wir vil vruo rîten, die wellen mit mir jagen
daʒ si sich bereiten; die aber hie bestân
höveschen mit den vrouwen, daʒ sî mir liebe getân.“

Dô sprach der herre Sîfrit mit hêrlîchem site: 913
„swenne ir jagen rîtet, dâ wil ich gerne mite.
sô sult ir mir lîhen einen suochman
und etelîchen bracken; sô wil ich rîten in den tan.“

„Welt ir niht nemen wan einen?“ sprach der künic zehant. 914
„ich lîh iu, welt ir, viere, den vil wol ist bekant
der walt und ouch die stîge, swâ diu tier hin gânt,
die iuch niht fürwîse zen herbergen rîten lânt.“

Dô reit zuo sînem wîbe der recke vil gemeit. 915
schiere hete Hagene dem künige geseit,
wi er gewinnen wolde den tiwerlîchen degen:
sus grôʒer untriuwe solde nimmer man gepflegen.

XVI. ÂVENTIURE,

WIE SÎFRIT ERSLAGEN WART.

Gunther und Hagene die recken vil balt, 916
lobeten mit untriuwen ein pirsen in den walt.
mit ir scharpfen gêren si wolden jagen swîn,
beren unde wisende, waʒ möhte küeners gesîn?

Dâ mite reit ouch Sîfrit in hêrlîchem site. 917
maniger hande spîse die fuorte man in mite.
zeinem kalten brunnen verlôs er sît den lîp.
daʒ hete gerâten Prünhilt, des künic Guntheres wîp.

Dô gie der degen küene, da er Kriemhilde vant. 918
dô was nu ûf gesoumet sîn edel pirsgewant,
sîn und der gesellen, si wolden über Rîn.
done dorfte Kriemhilde nimmer leider gesîn.

Di sîne triutinne kust er an den munt. 919
„got lâʒe mich dich, vrouwe, gesehen noch gesunt,
und mich diu dînen ougen. mit holden mâgen dîn
soltu kurzewîlen, ine mac hie heime niht gesîn.“

Do gedâhtes an diu mære (sine torst ir niht gesagen), 920
diu si dâ Hagenen sagete; dô begonde klagen
diu edel küniginne, daʒ si ie gewan den lîp.
dô weinte âne mâʒe des herren Sîfrides wîp.

Si sprach zuo dem recken: „lât iuwer jagen sîn.
mir troumte hînte leide, wie iuch zwei wildiu swîn
jageten über heide, dâ wurden bluomen rôt.
daʒ ich sô sêre weine, des gêt mir wærlîche nôt.

Ich fürhte harte sêre etelîchen rât,
obe man der deheinen missedienet hât
die uns gefüegen kunnen vîentlîchen haʒ.
belîbet, lieber herre, mit triuwen rât ich iu daʒ.“

Er sprach: „mîn triutinne, ich kum in kurzen tagen.
ine weiʒ hie niht der liute, die mir iht haʒʒes tragen.
alle dîne mâge sint mir gemeine holt,
ouch hân ich an den degenen hie niht anders versolt.“

„Neinâ, herre Sîfrit, jâ fürhte ich dînen val.
mir troumte hînte leide, wie ob dir zetal
vielen zwêne berge, ine gesach dich nimmer mê.
wil du von mir scheiden, daʒ tuot mir an dem herzen wê.“

Er umbevie mit armen daʒ tugentrîche wîp,
mit minneclîchem küssen trût er ir schœnen lîp.
mit urloube er dannen schiet in kurzer stunt.
si gesach in leider dar nâch nimmer mêr gesunt.

Dô riten si von dannen in einen tiefen walt
durch kurzewîle willen. vil manic ritter balt
volgeten Gunthere unde sînen man.
Gêrnôt unde Gîselher die wâren dâ heime bestân.

Geladen vil der rosse kom vor in über Rîn,
diu den jagetgesellen truogen brôt unde wîn,
daʒ vleisch mit den vischen und andern manigen rât,
den ein künic sô rîche vil harte billîchen hât.

Sie hieʒen herbergen für den grüenen walt
gên des wildes abloufe die stolzen jegere balt,
dâ si dâ jagen solden, ûf einen wert vil breit.
dô was ouch komen Sîfrit, daʒ wart dem künege geseit.

Von den jagtgesellen wurden dô gar bestân
die warte in allen enden. dô sprach der küene man,
Sîfrit der vil starke: „wer sol uns in den walt
wîsen nâch dem wilde, ir helde küene unde balt?“

„Welle wir uns scheiden“, sprach dô Hagene,
„ê daʒ wir beginnen hie ze jagene?
dâ bî wir mügen bekennen, ich und die herren mîn,
wer die besten jegere an dirre waltreise sîn.

Liute und gehünde suln wir teilen gar, 931
sô kêr ietslîcher, swar er gerne var.
swer danne jage daȝ beste, des sol er haben danc."
dô wart der jäger bîten bî ein ander niht ze lanc.

Dô sprach der herre Sîfrit: „ich hân der hunde rât, 932
niwan einen bracken, der sô genoȝȝen hât,
daȝ er die verte erkenne der tiere durch den tan.
wir komen wol ze jegede", sprach der Kriemhilde man.

Dô nam ein alter jegere einen guoten spürehunt, 933
er brâhte den herren in einer kurzen stunt,
dâ si vil tiere funden. swaȝ der von lägere stuont,
di erjageten die gesellen, sô noch guote jeger tuont.

Swaȝ ir der bracke ersprancte, di sluoc mit sîner hant 934
Sîfrit der vil küene, der helt von Niderlant.
sîn ros lief sô sêre, daȝ ir im niht entran.
den lop er vor in allen an dem jegede gewan.

Er was an allen dingen biderbe genuoc. 935
sîn tier was daȝ êrste, daȝ er ze tôde sluoc,
ein vil starkeȝ halpful, mit der sînen hant;
dar nâch er vil schiere einen ungefüegen lewen vant.

Dô den der bracke ersprancte, den schôȝ er mit dem bogen. 936
eine scharpfe strâle het er dar in gezogen,
der lewe lief nâch dem schuȝȝe wan drîer sprünge lanc.
die sînen jagtgesellen die sagten Sîfride danc.

Dar nâch sluoc er schiere einen wisent und einen elch, 937
starker ûre viere und einen grimmen schelch.
sîn ros truoc in sô balde, daz ir im niht entran.
hirȝe oder hinden kunde im wênic engân.

Einen eber grôȝen den vant der spürhunt. 938
als er begunde vliehen, dô kom an der stunt
des selben gejegedes meister er bestuont in ûf der slâ.
daȝ swîn vil zornecliche lief an den küenen helet sâ.

Dô sluoc in mit dem swerte der Kriemhilde man, 939
eȝ enhet ein ander jegere sô samfte niht getân.
do er in het ervellet, man vie den spürhunt.
dô wart sîn jaget daȝ rîche wol den Burgonden kunt.

Dô sprâchen sîne jegere: „müg eȝ mit fuoge wesen, 940
sô lât uns, her Sîfrit, der tier ein teil genesen.
ir tuot uns hiute lære den berc und ouch den walt."
des begonde smielen der degen küene unde balt.

Dô hôrtens allenthalben ludem unde dôʒ. 9
von liute und ouch von hunden der schal der was sô grôʒ
daʒ in dâ von antwurte der berc und ouch der tan.
vier und zweinzec ruore die jägere hêten verlân.

Dô muosen vil der tiere verliesen dâ daʒ leben. 9
dô wânden si daʒ füegen, daʒ man in solde geben
den prîs von dem gejägede; des kunde niht geschehen,
dô der starke Sîfrit wart zer fiwerstat gesehen.

Daʒ jaget was ergangen unde doch niht gar. 9
die zer fiwerstete wolden, die brâhten mit in dar
vil maniger tiere hiute und wildes genuoc.
hey waʒ man des zer kuchen des küneges ingesinde truoc!

Dô hieʒ der künic künden den jegern ûʒ erkorn, 9
daʒ er enbîʒen wolde. dô wart vil lûte ein horn
zeiner stunt geblâsen, dâ mit in wart erkant,
daʒ man den fürsten edele dâ zen herbergen vant.

Dô sprach ein Sîfrides jägere: „herre, ich hân vernomen 9
von eines hornes duʒʒe, daʒ wir nu suln komen
zuo den herbergen, antwurten ich des wil.“
dô wart nâch den gesellen gevrâget blâsende vil.

Dô sprach der herre Sîfrit: „nu rûme ouch wir den tan!“ 9
sîn ros truoc in ebene, si îlten mit im dan.
si ersprancten mit ir schalle ein tier vil gremelich,
daʒ was ein bere wilde. dô sprach der degen hinder sich:

„Ich wil uns hergesellen guoter kurzewîle wern.
ir sult den bracken lâʒen, jâ sih ich einen bern,
der sol mit uns hinnen zen herbergen varn.
ern vliehe danne vil sêre, ern kan sichs nimmer bewarn.“

Der bracke wart verlâʒen, der bere spranc von dan.
dô wolde in errîten der Kriemhilde man.
er kom in ein gevelle, done kondes niwet wesen.
daʒ starke tier dô wânde vor dem jägere genesen.

Dô spranc von sînem rosse der stolze riter guot,
er begonde nâch loufen. daʒ tier was umbehuot,
eʒ enkonde im niht entrinnen, dô vienc er iʒ zehant,
ân aller slahte wunden der helt eʒ schiere gebant.

Krazen noch gebîʒen kunde eʒ niht den man.
er band eʒ zuo dem satele, ûf saʒ der snelle sân,
er brâht iʒ an die fiwerstat durch sînen hôhen muot
zeiner kurzewîle, der recke küene unde guot.

Wie rehte hêrlîchen er zen herbergen reit! 951
sin gêr was vil michel, starc unde breit.
im hienc ein ziere wâfen hin nider an den sporn,
von vil rôtem golde fuort der herre ein schœne horn.

Von beʒʒerm pirsgewæte gehôrt ich nie gesagen. 952
einen roc von swarzem pfellel den sach man in tragen
und einen huot von zobele, der rîche was genuoc.
hey waʒ er rîcher porten an sînem kochære truoc!

Von einem pantel was dar über gezogen 953
ein hût durch die süeʒe. ouch fuorter einen bogen,
den man mit antwerke muose ziehen dan,
der in spannen solde, ern het iʒ selbe getân.

Von einer ludemes hiute was alleʒ sîn gewant. 954
von houbet unz an daʒ ende gestreut man darûfe vant.
ûʒ der liehten riuhe vil manic goldes zein
ze beiden sînen sîten dem küenen jägermeister schein.

Dô fuort er Balmungen, ein ziere wâfen breit, 955
daʒ was alsô scherpfe, daʒ eʒ nie vermeit,
swâ man eʒ sluoc ûf helme; sîn ecke wâren guot.
der hêrlîche jägere der was hôhe gemuot.

Sît daʒ ich iu diu mære gar bescheiden sol, 956
im was sîn edel kocher vil guoter strâle vol,
von guldînen tüllen, diu sahs wol hende breit.
eʒ muose balde sterben, swaʒ er dâ mit versneit.

Dô reit der riter edele vil weidenlîche dan. 957
in sâhen zuo zin komende di Guntheres man.
si liefen im engegene und enpfiengen im daʒ marc.
dô fuort er bî dem satele einen bern grôʒ unde starc.

Als er gestuont von rosse, dô lôst er im diu bant 958
von fuoʒe und ouch von munde. dô erlûte dâ zehant
vil grôʒe daʒ gehünde, swaʒ des den beren sach.
daʒ tier ze walde wolde, die liute heten ungemach.

Der ber von dem schalle durch die kuchen geriet, 959
hey waʒ er kuchenknehte von dem fiwer schiet!
vil keʒʒel wart gerüeret, zefüeret manic brant,
hey waʒ man guoter spîse in der aschen ligen vant!

Dô sprungen von dem sedele die herren und ir man. 960
der ber begonde zürnen, der künic hieʒ dô lân
alleʒ daʒ gehünde, daʒ an den seilen lac.
und wær iʒ wol verendet, si heten vrœlîchen tac.

Mit bogen und mit spiezen niht langer man daz lie,
dô liefen dar die snellen, dâ der bere gie.
dô was sô vil der hunde, daz dâ niemen schôz.
von des liutes schalle daz gebirge allez erdôz.

Der ber begonde vliehen vor den hunden dan,
im enkunde niht gevolgen wan Kriemhilde man.
der erlief in mit dem swerte, ze tôde er in dô sluoc.
hin wider zuo dem fiwere man den bern sider truoc.

Dô sprâchen, die daz sâhen, er wære ein kreftec man.
die stolzen jagetgesellen hiez man zen tischen gân.
ûf einen schœnen anger saz ir dâ genuoc.
hey waz man rîcher spîse den edeln jegeren dô truoc!

Die schenken kômen seine, die tragen solden wîn.
ez enkunde baz gedienet nimmer helden sîn;
heten si dar ander niht sô valschen muot,
si wæren wol die recken vor allen schanden behuot.

Dô sprach der herre Sîfrit: ,,wunder mich des hât,
sît man uns von kuchen gît sô manigen rât,
warumbe uns die schenken bringen niht den wîn.
man empflege baz der jegere, ine wil niht jagetgeselle sîn.

Ich hete wol gedienet, daz man mîn baz næme war."
der künic von dem tische sprach in valsche dar:
,,man sol iu gerne büezen, swes wir gebresten hân.
daz ist von Hagenen schulden; der wil uns gerne erdürsten lân."

Dô sprach von Tronege Hagene: ,,vil lieber herre mîn,
ich wânde daz daz pirsen hiute solde sîn
dâ zem Spehtsharte; den wîn den sande ich dar.
sîn wir hiut ungetrunken, wie wol ich mêre daz bewar!"

Dô sprach der herre Sîfrit: ,,ir lîp der hab undanc.
man solde mir siben soume met und lûtertranc
haben her gefüeret. dô des niht mohte sîn,
dô solt man uns gesidelet haben nâher an den Rîn."

Dô sprach von Tronege Hagene: ,,ir edeln riter balt,
ich weiz hie vil nâhen einen brunnen kalt
(daz ir niht enzürnet), dâ sul wir hine gân."
der rât wart manigem degene ze grôzen sorgen getân.

Sîfrit den recken twanc des turstes nôt.
den tisch er deste zîter rucken dan gebôt;
er wolde für die berge zuo dem brunnen gân.
dô was der rât mit meine von den recken getân.

Diu tier hieʒ man ûf wägenen füeren in daʒ lant, 971
diu dâ hete verhouwen diu Sîfrides hant.
man jah im grôʒer êren, swer iʒ ie gesach.
Hagene sîne triuwe vil sêre an Sîfriden brach.

Dô si wolden dannen zuo der linden breit, 972
dô sprach von Tronege Hagene: ,,mir ist des vil geseit,
daʒ niht gevolgen künne dem Kriemhilde man,
swenne er wolde gâhen, hey wolde er uns daʒ sehen lân!"

Dô sprach von Niderlande der küene Sîfrit: 973
,,daʒ muget ir wol versuochen, welt ir mir loufen mit
ze wette zuo dem brunnen. sô daʒ ist getân,
dem sol man jehen danne, den man sihet gewunnen hân."

,,Nu welle ouch wirʒ versuochen", sprach Hagene der degen. 974
dô sprach der starke Sîfrit: ,,sô wil ich mich legen
für di iwern füeʒe nider an daʒ gras."
dô er daʒ gehôrte, wi liep eʒ Gunthere was!

Dô sprach der degen küene: ,,noch wil ich iu mêre sagen, 975
alleʒ mîn gewæte wil ich mit mir tragen,
den gêr zuo dem schilde und al mîn pirsgewant."
den kocher zuo dem swerte vil schier er umbe gebant.

Dô zugen si diu kleider von dem lîbe dan. 976
in zwein wîʒen hemeden sach man si beide stân.
sam zwei wildiu pantel si liefen durch den klê,
doch sach man bî dem brunnen den küenen Sîfriden ê.

Den prîs an allen dingen truoc er vor manigem man. 977
daʒ swert daʒ lôst er schiere, den kocher leit er dan,
den starken gêr er leinte an der linden ast;
bî des brunnen vluʒʒe stuont der hêrlîche gast.

Die Srîrides tugende wâren harte grôʒ. 978
den schilt er leite nidere, aldâ der brunne vlôʒ;
swie harte sô in durste, der helt doch nine tranc,
ê daʒ der künic getrunke, des saget er im vil bœsen danc.

Der brunne was küele, lûter unde guot. 979
Gunther sich dô neigte nider zuo der fluot;
als er het getrunken, dô riht er sih von dan.
alsam het ouch gerne der küene Sîfrit getân.

Do engalt er sîner zühte. den bogen unt daʒ swert, 980
daʒ truoc alleʒ Hagene von im dannewert.
dô sprang er hin widere da er den gêr dâ vant.
er sach nâch einem bilde an des küenen gewant.

Dâ der herre Sîfrit ob dem brunnen tranc, 981
er schôʒ in durch daʒ kriuze, daʒ von der wunden spranc
daʒ bluot im von dem herzen vaste an die Hagenen wât.
sô grôʒe missewende ein helt nu nimmer mêr begât.

Den gêr im gein dem herzen stecken er dô lie. 982
alsô gremelîche ze flühten Hagen nie
gelief noch in der werlde vor deheinem man.
dô sich der herre Sîfrit der starken wunden versan,

Der herre tobelîchen von dem brunnen spranc; 983
im ragete von den herten ein gêrstange lanc.
der fürste wânde vinden bogen oder swert;
sô müese wesen Hagene nâch sînem dienste gewert.

Dô der sêre wunde des swertes niht envant, 984
done het et er niht mêre wan des schildes rant;
er zuhten von dem brunnen, dô lief er Hagenen an,
done kunde im niht entrinnen des künic Guntheres man.

Swie wunt er was zem tôde, sô krefteclîch er sluoc, 985
daʒ ûʒer dem schilde dræte genuoc
des edelen gesteines; der schilt vil gar zebrast.
sich hete gerne errochen der vil hêrlîche gast.

Dô was gestrûchet Hagene vor sîner hant zetal. 986
von des slages krefte der wert vil lût erhal.
het er daʒ swert enhende, sô wær eʒ Hagenen tôt.
sô sêre zurnt der wunde; des gie im wærlîchen nôt.

Erblichen was sîn varwe, ern kunde niht gestên. 98
sînes lîbes sterke diu muose gar zergên,
wand er des tôdes zeichen in liehter varwe truoc.
sît wart er beweinet von schœnen vrouwen genuoc.

Dô viel in die bluomen der Kriemhilde man; 98
daʒ bluot von sîner wunden sach man vil vaste gân.
dô begonde er schelten (des gie im grôʒiu nôt),
die ûf in gerâten heten den ungetriuwen tôt.

Dô sprach der verchwunde: ,,jâ ir vil bœsen zagen, 98
waʒ helfent mîniu dienest, daʒ ir mich habet erslagen?
ich was iu ie getriuwe, des ich engolten hân.
ir habt an iuwern mâgen leider übele getân.

Die sint dâ von bescholten, swaʒ ir wirt geborn 99
her nâch disen zîten. ir habet iuwern zorn
gerochen al ze sêre an dem lîbe mîn.
mit laster ir gescheiden sult von guoten recken sîn.“

Die riter alle liefen, dâ er erslagen lac. 991
eʒ was ir genuogen ein vreudelôser tac.
die iht triuwe hêten, von den wart er gekleit,
daʒ het wol verdienet der riter küen unt gemeit.

Der künic von Burgonden klagete sînen tôt. 992
dô sprach der verchwunde: „daʒ ist âne nôt,
daʒ der nâch schaden weinet, der in dâ hât getân.
der dienet michel schelden, eʒ wære beʒʒer verlân.“

Dô sprach der grimme Hagene: „jane weiʒ ich waʒ ir kleit. 993
eʒ hât nu alleʒ ende unser sorge und unser leit,
wir vinden ir vil wênic die türren uns bestân.
wol mich deich sîner hêrschaft hân ze râte getân.“

„Ir muget iuch lîhte rüemen“, sprach dô Sîfrit. 994
„het ich an iu erkennet den mortlîchen sit,
ich hete wol behalten vor iu mînen lîp.
mich riuwet niht sô sêre sô vrou Kriemhilt mîn wîp.

Nu müeʒe got erbarmen, daʒ ich ie gewan den sun, 995
dem man daʒ itewîʒen sol nâh den zîten tuon
daʒ sîne mâge iemen mortlîche hân erslagen.
möht ich“, sô sprach Sîfrit, „daʒ sold ich billîche klagen.“

Dô sprach vil jæmerlîche der verchwunde man: 996
„welt ir, künic edele, triuwen iht begân
in der werlt an iemen, lât iu bevolhen sîn
ûf iuwer genâde die holden triutinne mîn.

Und lât si des genieʒen, daʒ si iuwer swester sî. 997
durch aller fürsten tugende wont ir mit triuwen bî.
mir müeʒen warten lange mîn vater und mîne man.
eʒ enwart nie vrouwen leider an liebem vriunde getân.“

Die bluomen allenthalben von bluote wurden naʒ. 998
dô rang er mit dem tôde, unlange tet er daʒ,
want des tôdes wâfen ie ze sêre sneit.
dô mohte reden niht mêre der recke küen unt gemeit.

Dô die herren sâhen, daʒ der helt was tôt, 999
si leiten in ûf einen schilt, der was von golde rôt,
und wurden des ze râte, wie daʒ sold ergân,
daʒ man eʒ verhæle, daʒ eʒ hete Hagene getân.

Dô sprâchen ir genuoge: „uns ist übel geschehen. 1000
ir sult eʒ heln alle unt sult gelîche jehen,
dâ er rite jagen eine, der Kriemhilde man,
in slüegen schâchære, dâ er füere durch den tan.“

Dô sprach von Tronege Hagene: „ich bring in in daȝ lant. 100
mir ist vil unmære, und wirt eȝ ir bekant,
diu sô hât betrüebet den Prünhilde muot.
eȝ ahtet mich vil ringe, swaȝ si weinens getuot.“

XVII. ÂVENTIURE,

WIE SÎFRIT BEKLAGET UNT BEGRABEN WART.

Dô erbiten si der nahte und fuoren über Rîn. 100
von helden kunde nimmer wirs gejaget sîn.
ein tier daȝ si sluogen, daȝ weinden edeliu kint.
jâ muosen sîn engelten vil guote wîgande sint.

Von grôȝer übermüete muget ir hœren sagen, 100
und von eislîcher râche. dô hieȝ Hagene tragen
Sîfrit alsô tôten von Nibelunge lant
für eine kemenâten, dâ man Kriemhilde vant.

Er hieȝ in tougenlîchen legen an die tür, 100
daȝ si in dâ solde vinden, so si gienge darfür
hin zer mettîne, ê daȝ eȝ wurde tac,
der diu vrouwe Kriemhilt vil selten deheine verlac.

Man lûte dâ zem münster nâch gewoneheit. 100
vrou Kriemhilt diu schœne wahte manige meit,
ein lieht bat si ir bringen und ouch ir gewant.
dô kom ein kameræere, dâ er Sîfriden vant.

Er sah in bluotes rôten, sîn wât was elliu naȝ. 100
daȝ eȝ sîn herre wære, niene wesse er daȝ.
hin zer kemenâten daȝ lieht truog an der hant
von dem vil leider mære diu vrouwe Kriemhilt ervant.

Dô si mit ir vrouwen zem münster wolde gân, 10
dô sprach der kamerære: „jâ sult ir stille stân,
eȝ lît vor disem gademe ein riter tôt erslagen.“
dô begonde Kriemhilt vil harte unmæȝlîche klagen.

Ê daȝ si reht erfunde, daȝ iȝ wære ir man, 10
an die Hagenen vrâge denken si began,
wie er in solde vristen, dô wart ir êrste leit.
von ir was allen vreuden mit sînem tôde widerseit.

Dô seic si zuo der erden, daȝ si niht ensprach, 10
die schœnen vreudelôsen ligen man dô sach.
Kriemhilde jâmer wart unmâȝen grôȝ;
dô erschrê si nâch unkrefte, daȝ al diu kemenâte erdôȝ.

Dô sprach daʒ gesinde: „waʒ ob eʒ ist ein gast?“ 1010
daʒ bluot ir ûʒ dem munde von herzen jâmer brast.
dô sprach si: „eʒ ist Sîfrit, der mîn vil lieber man;
eʒ hât gerâten Prünhilt, daʒ eʒ hât Hagene getân.“

Diu vrouwe hieʒ sich wîsen, dâ si den helt vant. 1011
si huop sîn schœne houbet mit ir vil wîʒen hant.
swie rôt eʒ was von bluote, si het in schiere erkant.
dô lac vil jæmerlîche der helt von Nibelunge lant.

Dô rief vil trûreclîche diu küneginne milt: 1012
„owê mir mînes leides! nu ist dir dîn schilt
mit swerten niht verhouwen, du lîst ermorderôt.
wesse ich wer iʒ het getân, ich riet im immer sînen tôt.“

Die Sîfrides helde von Nibelunge lant *und Siegmund erfahren durch einen Boten die Mordtat. Siegmund mit seinen Mannen und Siegfrieds Mannen eilen herbei und klagen. Sie wollen Rache nehmen; aber Kriemhild hält sie davon ab, weil es nutzlos sei.*

Smide hieʒ man gâhen, wurken einen sarc, 1038
von silber und von golde, vil michel unde starc.
man hieʒ in vaste spengen mit stahel, der was guot.
dô was al den liuten harte trûrec der muot.

Diu naht was zergangen, man sagete, eʒ wolde tagen. 1039
dô hieʒ diu edel vrouwe zuo dem münster tragen
Sîfriden den herren, ir vil lieben man.
swaʒ er dâ vriunde hête, die sach man weinende gân.

Dô si in zem münster brâhten, vil der gloken klanc. 1040
dô hôrt man allenthalben vil maniges pfaffen sanc.
dô kom der künic Gunther mit den sînen man
und ouch der grimme Hagene zuo dem wuofe gegân.

Er sprach: „vil liebiu swester, owê der leide dîn, 1041
daʒ wir niht kunden âne des grôʒen schaden sîn.
wir müeʒen klagen immer den Sîfrides lîp.“
„daʒ tuot ir âne schulde“, sprach daʒ jâmerhafte wîp.

„Wær iu dar umbe leide, son wær es niht geschehen. 1042
ir hetet mîn vergeʒʒen, des mag ich wol jehen,
da ich dâ wart gescheiden und mîn lieber man.
daʒ wolde got“, sprach Kriemhilt, „wær iʒ mir selber getân.“

Si buten vaste ir lougen. Kriemhilt begonde jehen: 1043
„swelher sî unschuldig, der lâʒe daʒ gesehen;
der sol zuo der bâre vor den liuten gên.
dâ bî mac man die wârheit harte schiere verstên.“

Daʒ ist ein michel wunder, vil dicke eʒ noch geschiht, 1044
swâ man den mortmeilen bî dem tôten siht,
sô bluotent im die wunden, als ouch dâ geschach.
dâ von man die schulde dâ ze Hagenen gesach.

Die wunden vluʒʒen sêre, alsam si tâten ê. 1045
die ê dâ sêre klageten, des wart nu michel mê.
dô sprach der künic Gunther: „ich wilʒ iuch wiʒʒen lân.
in sluogen schâchære, Hagene hât es niht getân.“

„Mir sint die schâchære“, sprach si, „vil wol bekant. 1046
nu lâʒe eʒ got errechen noch sîner vriunde hant.
Gunther unt Hagene, jâ habet ir iʒ getân.“
die Sîfrides degene heten dô gên strîte wân.

(Str. 1047—1072) Gernot und Giselher klagen mit und versprechen Kriemhild, sie zu entschädigen. Siegfried wird eingesargt und allgemein beklagt. Kriemhild verteilt Siegfrieds Gold an die Armen; viele Messen werden gelesen, die Totenwacht drei Tage und drei Nächte gehalten. Dann feierliches Begräbnis. Kriemhild will noch einmal sein Haupt sehen, man bricht ihr den Sarg auf. Alle weinen und klagen.

XVIII. ÂVENTIURE,

WIE SIGEMUNT WIDER HEIM ZE LANDE FUOR (Str. 1073—1100).

Als Siegmund Kriemhild zum Aufbruch auffordert, bitten ihre Verwandten sie, dazubleiben; sie gibt ihnen nach. Siegmund reitet los, ohne von den Burgunden Abschied zu nehmen. Nur Gernot, der seine Schuldlosigkeit beteuert, und Giselher geben ihm das Geleit. Giselher tröstet Kriemhild. Brünhild freut sich über Kriemhilds Trauer.

XIX. ÂVENTIURE,

WIE DER NIBELUNGE HORT ZE WORMEZ BRÂHT WART (Str. 1101—1142).

Kriemhild trauert in ihrem neben dem Münster neu erbauten Hause und in der Kirche, von Graf Eckewart betreut. Nach dreieinhalb Jahren rät Hagen Gunther, sich mit seiner Schwester auszusöhnen; dann käme das Nibelungengold zu ihnen, und sie hätten großen Gewinn davon. Ortwin, Markgraf Gere, Gernot und Giselher bereden Kriemhild, Gunther zum Zeichen der Aussöhnung zu begrüßen und den Nibelungenhort herbeischaffen zu lassen. Giselher und Gernot holen mit 8000 Mann von Alberich die ungeheuren Schätze auf Schiffen, darunter eine Wünschelrute. Kriemhild teilt reichlich davon aus und wirbt damit viele Recken, so daß es Hagen zu gefährlich scheint. Er nimmt ihr die Schlüssel und versenkt den Schatz in den Rhein ze Lôche, *während Gunther sie nicht mehr entehrend kränken will und mit seinen Verwandten fortreitet. Damit trifft Hagen sie zum zweiten Mal ins Innerste, so daß sie über die Ermordung Siegfrieds und den Hortraub bis ans Lebensende zu klagen hat.*

XX. ÂVENTIURE,

WIE KÜNEC ETZEL ZE BURGONDEN NÂCH KRIEMHILDE SANDE (Str. 1143—1289).

Hier beginnt der zweite Teil mit einem neuem Einsatz:

Daȥ was in einen zîten dô vrou Helche erstarp,
unt daȥ der künic Etzel umb ein ander vrouwen warp...

Seine Freunde raten ihm, die stolze Kriemhild, die Helche an Schönheit gleichkäme, zu heiraten, die Witwe Siegfrieds, der ja an seinem Hof gewesen sei, und reden ihm seine Bedenken aus, weil er kein Christ sei. Als Brautwerber entsendet er Rüdeger von Bechelaren (Pöchlarn), der die Burgundenkönige kennt; der rüstet 500 Ritter dazu aus und reitet durch Bayern, ohne von Straßenräubern angefallen zu werden, kommt nach zwölf Tagen an den Rhein. Hagen erkennt sie. Freundlicher Empfang. Rüdeger bringt die Werbung vor. In dem von Gunther einberufenen Rat warnt nur Hagen vor der Hochzeit, weil Kriemhild ihnen Leid zufügen könne. Kriemhild selber ist erst sehr abgeneigt, läßt sich aber gewinnen, als sie an Etzels Machtmittel denkt und ihr Rüdeger verspricht, alles Leid zu rächen, das man ihr zufüge; da hofft sie, daß ihr die Rache für Siegfrieds Tod möglich sein wird. Als sie den Rest des Hortes, der ihr noch geblieben war, an die Hunnen verteilen will, verschließt ihn Hagen ihr, damit sie ihn nicht gegen ihn verwenden könne. Aber Gernot öffnet die Tür, Kriemhild nimmt zwölf Schreine voll mit. Eckewart mit 500 Mann zieht mit ihr mit. Giselher, Gernot, Gere, Ortwin, Rumold geleiten sie bis zur Donau.

XXI. ÂVENTIURE,

WIE KRIEMHILT ZUO DEN HIUNEN FUOR (Str. 1290—1335).

Giselher und Gernot verabschieden sich in Pföring (ze Vergen) *an der Donau. Der Zug der Kriemhild bewegt sich durch Bayern nach Passau. Dort gute Aufnahme durch ihren Oheim Bischof Pilgrim und die Kaufleute. Weiter über die Enns, Everdingen, die Traun nach Pöchlarn. Gotelind, die entgegenreitet, sorgt für besten Empfang. Gegenseitige Geschenke. Der Burgherr Astolt bewillkommnet sie mit Wein in Mölk* (Medelicke) *und führt sie die Donau abwärts nach Mautern in Österreich* (Ôsterlant). *In der Helchenburg Zeizenmauer an der Traisen empfangen sie die vielsprachigen Hunnen.*

XXII. AVENTIURE,

WIE KRIEMHILT VON ETZEL EMPFANGEN WART (Str. 1336—1386).

In Tuln an der Donau kommt ihnen König Etzel entgegen mit Reußen, Griechen, Polen, Wälschen (Walachen), *Leuten aus Kiew und Petschenegen, mit Herzog Ramung van Wälschland, König Gibeche, Hornboge, Hawart von Dänemark und Iring, Irnfried von Thüringen, Etzels Bruder Blödelin und Dietrich von Bern. Die Hunnen und die deutschen* (tiutschen) *Gäste messen sich im Turnier. Der Zug geht nach Wien. Die Hochzeit beginnt zu Pfingsten und dauert 17 Tage. Große Geschenke. Dann weiter ins Hunnenland über Heimburg und Misenburg. Zeltlager auf dem Fluß.*

Schließlich Empfang in Etzels Burg (ze Etzeln bürge), *wo Helches Nichte Herrat dem Hofstaat vorsteht, die mit Dietrich verlobt ist. Kriemhild wird die Herrin über zwölf Könige.*

XXIII. ÂVENTIURE,

WIE KRIEMHILT WARP, DAZ IR BRUODER ZUO DER HÔCHZÎT KÔMEN (Str. 1387—1421).

Im siebenten Jahr ihrer zweiten Ehe gebiert Kriemhild einen Sohn, Ortlieb. Nach zwölf Jahren hat sie große Macht erworben und denkt ständig daran, Siegfried zu rächen. Des Nachts bewegt sie Etzel, ihre burgundischen Verwandten einzuladen. Er entsendet die Spielleute Wärbel und Swämmel mit 24 Recken und lädt durch sie zur nächsten Sonnenwende. Kriemhild trägt ihnen besonders auf, Gernot, Giselher und vor allem Hagen, dem allein die Wege ins Hunnenland bekannt seien, zum Mitkommen zu drängen.

XXIV. ÂVENTIURE.

WIE WÄRBEL UNT SWÄMMEL IR HERREN BOTESCHAFT WURBEN (Str. 1422—1505).

Die Boten reiten über Pöchlarn und Passau in zwölf Tagen nach Worms. Hagen allein erkennt sie. Frohe Begrüßung. In Gunthers Rat wendet sich nur Hagen gegen die Einladung, weil Kriemhild ihnen gram sein müsse, und auch der Hofkoch Rumold, der sie mit den reichen eigenen Vorräten vertrösten möchte. Hagen erreicht nur, daß sie bestens gerüstet mit 1000 auserwählten Rittern fahren, mit Dankwart, Volker (er wird Str. 1477 neu eingeführt), und daß sie die Boten so lange festhalten, bis sie sieben Tage nach ihrem Abritt aufbrechen können, um Kriemhild keine Zeit zur Rüstung zu lassen. Vor Brünhild werden die Boten nicht vorgelassen. Mit reichen Geschenken ziehn sie durch Schwaben über Passau, Pöchlarn nach Etzels Hauptstadt Gran. Kriemhild fragt sie aus und belohnt sie reich.

XXV. ÂVENTIURE.

WIE DIE NIBELUNGE ZEN HIUNEN FUOREN.

Nu lâze wir daȝ belîben, wie si gebâren hie. 1506
hôchgemuoter recken die gefuoren nie
so rehte hêrlîche in deheines küneges lant.
si heten, swaȝ si wolden, beidiu wâfen unt gewant.

Der vogt von dem Rîne kleidete sîne man, 1507
sehzec unde tûsent, als ich vernomen hân,
und niun tûsent knehte gegen der hôhgezît.
die si dâ heime lieȝen, die beweinten eȝ sît.

Dô truoc man diu gereite ze Wormeȝ über den hof. 1508
dô sprach dâ von Spîre ein alter bischof
zuo der schœnen Uoten: „unser friunde wellent varn
gegen der hôhgezîte, got müeȝ ir êre dâ bewarn."

Dô sprach zuo zir kinden diu edele Uote: 1509
„ir soldet hie belîben, helde guote.
mir ist getroumet hînte von angestlîcher nôt,
wie alleȝ daȝ gefügele in disem lande wære tôt."

„Swer sich an troume wendet“, sprach dô Hagene, 1510
„der enweiʒ der rehten mære niht ze sagene
wenne eʒ im zen êren volleclîchen stê.
ich wil daʒ mîn herre ze hove nâch urloube gê.

Wir suln gerne rîten in Etzelen lant, 1511
dâ mac wol dienen künegen guoter helde hant,
dâ wir dâ schouwen müeʒen Kriemhilde hôhgezît.“
Hagene riet di reise, iedoch gerouw eʒ in sît.

Er heteʒ widerrâten, wan daʒ Gêrnôt 1512
mit ungefuoge im alsô missebôt,
er mant in Sîfrîdes, vroun Kriemhilden man.
er sprach: „dâ von wil Hagene die grôʒen hovereise lân.“

Dô sprach von Tronege Hagene: „durch vorhte ich niht entuo. 1513
swenne ir gebietet, helde, sô sult ir grîfen zuo.
jâ rît ich mit iu gerne in Etzelen lant.“
sît wart von im verhouwen manic helm unde rant.

Diu schif bereitet wâren. dâ was vil manic man, 1514
swaʒ si kleider hêten, diu truoc man dar an.
si wâren vil unmüeʒec vor âbendes zît.
si huoben sich von hûse vil harte vrœlîche sît.

Gezelt unde hütten spien man an daʒ gras 1515
anderthalp des Rînes. dô daʒ geschehen was,
der künec bat noch belîben sîn vil schœne wîp:
si trûte noch des nahtes den sînen wætlîchen lîp.

Pusûnen, floytieren huop sich des morgens fruo, 1516
daʒ si varn solden, dô griffen si dô zuo.
swer liep hete an arme, der trûte friundes lîp.
des schiet sît vil mit leide des künec Etzelen wîp.

Diu kint der schœnen Uoten die heten einen man, 1517
küene und getriuwe, dô si wolden dan,
dô sagt er dem künege tougen sînen muot.
er sprach: „des muoʒ ich trûren, daʒ ir die hovereise tuot.“

Er was geheiʒen Rûmolt und was ein helt zer hant. 1518
er sprach: „wem welt ir lâʒen liute und ouch diu lant?
daʒ niemen kan erwenden iu recken iuwern muot!
diu Kriemhilden mære nie gedûhten mich guot.“

„Daʒ lant sî dir bevolhen und ouch mîn kindelîn, 1519
unt diene wol den vrouwen, daʒ ist der wille mîn.
swen du sehest weinen, dem trœste sînen lîp.
ja getuot uns nimmer leide des künec Etzelen wîp.“

Diu ros bereitet wâren den künegen und ir man. 1520
mit minneclîchem küssen schiet vil maniger dan,
dem in hôhem muote lebete dô der lîp.
daȝ muose sît beweinen vil manic wætlîcheȝ wîp.

Dô man die snellen recken sah zen rossen gân, 1521
dô kôs man vil der vrouwen trûreclîchen stân.
daȝ ir vil langeȝ scheiden saget in wol ir muot
ûf grôȝen schaden ze komene, daȝ herzen niemer sanfte tuot.

Die snellen Burgonden sich ûȝ huoben. 1522
dô wart in dem lande ein michel uoben,
beidenthalp der berge weinde wîp und man.
swie dort ir volc getæte, si fuoren vrœlîche dan.

Die Nibelunges helde kômen mit in dan 1523
in tûsent halspergen. ze hûs si heten lân
vil manige schœne vrouwen. di si gesâhen nimmer mê.
die Sîfrides wunden tâten Kriemhilde wê.

Dô schihten si ir reise gegen dem Meune dan, 1524
ûf durch Ôstervranken, die Guntheres man.
dar leite si dô Hagene, dem was eȝ wol bekant.
ir marschalk was Dancwart, der helt von Burgonden lant.

Dô si von Ôstervranken gein Swalevelde riten, 1525
dô mohte man si kiesen an hêrlîchen siten,
die fürsten unt ir mâge, die helde lobesam.
an dem zwelften morgen der künic zer Tuonouwe quam.

Dô reit von Tronege Hagene zaller vorderôst, 1526
er was den Nibelungen ein helflîcher trôst.
dô erbeiȝte der degen küene nider ûf den sant,
sîn ros er harte balde zuo zeinem boume gebant.

Daȝ waȝȝer was engoȝȝen, diu schif verborgen, 1527
eȝ ergie den Nibelungen ze grôȝen sorgen,
wie si kœmen übere, der wâc was in ze breit.
dô erbeiȝte zuo der erden vil manic riter gemeit.

„Leide“, sô sprach Hagene, „mac dir wol hie geschehen, 1528
voget von dem Rîne. nu maht du selbe sehen,
daȝ waȝȝer was engoȝȝen, vil starc ist im sîn fluot.
ja wæne wir hie verliesen noch hiute manigen helt guot.“

„Waȝ wîȝet ir mir, Hagene?“ sprach der künec hêr. 1529
„durh iuwer selbes tugende untrœstet uns niht mêr.
den furt sult ir uns suochen hin über an daȝ lant,
daȝ wir von hinnen bringen beidiu ros unt ouch gewant.“

„Jan ist mir“, sprach Hagene, „mîn leben niht sô leit, 1530
daʒ ich mich welle ertrenken in disen ünden breit;
ê sol von mînen handen ersterben manic man
in Etzelen landen, des ich wil guoten willen hân.“

„Belîbet bî dem waʒʒer, ir stolzen riter guot. 1531
ich wil die vergen suochen selbe bî der fluot,
die uns bringen übere in Gelfrâtes lant.“
dô nam der starke Hagene sînen guoten schildes rant.

Er was vil wol gewâfent, den schilt er dannen truoc, 1532
sînen helm ûf gebunden, lieht was er genuoc.
dô truog er ob der brünne ein wâfen alsô breit,
daʒ ze bêden ecken harte vreislîchen sneit.

Dô suocht er nâh den vergen wider unde dan. 1533
er hôrte waʒʒer gieʒen (losen er began)
in einem schœnen brunnen; daʒ tâten wîsiu wîp,
die wolden sih dâ küelen unde badeten ir lîp.

Hagene wart ir innen, er sleich in tougen nâch. 1534
dô si daʒ versunnen, dô wart in dannen gâch.
daʒ si im entrunnen, des wâren si vil hêr.
er nam in ir gewæte, der helt enschadete in niht mêr.

Dô sprach daʒ eine merwîp, Hadeburc was si genant: 1535
„edel riter Hagene, wir tuon iu hie bekant,
swenne ir uns, degen küene, gebet wider unser wât,
wie iu ze den Hiunen disiu hovereise ergât.“

Si swebeten sam die vogele vor im ûf der fluot. 1536
des dûhten in ir sinne starc unde guot.
swaʒ si im sagen wolden, er geloubte eʒ deste baʒ.
des er dô hin zin gerte, wol beschieden si im daʒ.

Si sprach: „ir muget wol rîten in Etzelen lant. 1537
des setze ich iu ze bürgen mîn triuwe hie zehant,
daʒ helede nie gefuoren in deheiniu rîche baʒ
nâch alsô grôʒen êren; nu geloubet wærlîchen daʒ.“

Der rede was dô Hagene in sînem herzen hêr. 1538
dô gap er in ir kleider und sûmte sich niht mêr.
dô si dô an geleiten ir wunderlîch gewant,
dô sageten si im rehte die reise in Etzelen lant.

Dô sprach daʒ ander merwîp, diu hieʒ Sigelint: 1539
„ich wil dich warnen, Hagene, daʒ Aldrîânes kint.
durch der wæte liebe hât mîn muome dir gelogen,
kumestu zen Hiunen, sô bistu sêre betrogen.

Jâ soltu kêren widere, daʒ ist an der zît; 1540
wand ir helde küene alsô geladet sît,
daʒ ir sterben müeʒet in Etzelen lant.
swelhe dar gerîtent, die habent den tôt an der hant."

Dô sprach aber Hagene: „ir trieget âne nôt. 1541
wie möhteʒ sich gefüegen, daʒ wir alle tôt
solden dâ belîben durh iemannes haʒ?"
si begonden im diu mære sagen küntlîcher baʒ.

Dô sprach aber diu eine: „eʒ muoʒ alsô wesen, 1542
daʒ iuwer deheiner kan dâ niht genesen,
niwan des küneges kappelân; daʒ ist uns wol bekant,
der kumet gesunder widere in daʒ Guntheres lant."

Dô sprach in grimmem muote der küene Hagene: 1543
„daʒ wære mînen herren müelîch ze sagene.
daʒ wir zen Hiunen solden vliesen alle den lîp.
nu zeige uns überʒ waʒʒer, daʒ aller wîseste wîp."

Si sprach: „sît du der verte niht welles haben rât, 1544
swâ obene bî dem waʒʒer ein herberge stât,
dâ inne ist ein verge und niender anderswâ."
der mære der er vrâgte, der geloubet er sich dâ.

Dem ungemuoten recken sprach diu eine nâch: 1545
„nu bîtet noch, her Hagene, jâ ist iu gar ze gâch.
vernemet noch baʒ diu mære, wie ir komet über sant.
dirre marc herre der ist Else genant.

Sîn bruoder ist geheiʒen der degen Gelpfrât, 1546
ein herre in Beyer lande. vil müelîch eʒ iu stât,
welt ir durch sîne marke. ir sult iuh wol bewarn
und sult ouch mit dem vergen vil bescheidenlîche varn.

Der ist sô grimmes muotes, er lât iuch niht genesen, 1547
ir enwelt mit guoten sinnen bî dem helde wesen.
welt ir daʒ er iuh füere, sô gebet im den solt.
er hüetet disses landes unt ist Gelpfrâte holt.

Und kum er niht bezîte, sô ruofet über fluot, 1548
unt jehet ir heiʒet Amelrîch. der was ein helt guot,
der durch fîentschefte rûmte ditze lant.
sô kumt iu der verge, swenne im der name wirt genant."

Der übermüete Hagene den vrouwen dô neic, 1549
ern redete niht mêre, wan daʒ er stille sweic.
dô gie er bî dem waʒʒer hôher an den sant,
dâ er anderthalben eine herberge vant.

Er begonde vaste ruofen hin über den fluot. 1550
„nu hol mich hie, verge,“ sprach der degen guot,
„sô gib ich dir ze miete einen bouc von golde rôt.
jâ ist mir dirre verte, daʒ wiʒʒest, wærlîchen nôt.“

Der verge was sô rîche, daʒ im niht dienen zam, 1551
dâ von er lôn vil selten von iemen dâ genam.
ouch wâren sîne knehte vil hôhe gemuot.
noh stuont alleʒ Hagene eine disehalp der fluot.

Dô ruofte er mit der krefte, daʒ al der wâg erdôʒ, 1552
wan des heldes sterke was michel unde grôʒ:
„nu hol mich Amelrîchen! ich bin der Elsen man,
der durch grôʒe fîntschaft von disem lande entran.“

Vil hôhe an dem swerte einen bouc er im dô bôt, 1553
lieht unde schœne was er von golde rôt,
daʒ er in über fuorte in Gelpfrâtes lant.
der übermüete verge nam selbe daʒ ruoder an die hant.

Ouch was der selbe schifman niulîch gehît. 1554
diu gir nâch grôʒem guote vil bœseʒ ende gît.
dô wold er verdienen daʒ Hagenen golt sô rôt,
des leit er von dem degene den swertgrimmigen tôt.

Der verge zôh genôte hin über an den sant. 1555
den er dâ nennen hôrte, do er des niht envant,
dô zurnde er ernstlîchen; als er Hagenen sach,
vil harte grimmeclîchen er dô zuo dem helde sprach:

„Ir muget wol sîn geheiʒen benamen Amelrîch; 1556
des ich mich hie verwæne, dem sît ir ungelîch.
von vater und von muoter was er der bruoder mîn.
nu ir mich betrogen habet, ir müeʒet disehalben sîn.“

„Nein, durch got den rîchen“, sprach dô Hagene. 1557
„ich bin ein vremder recke unt sorge ûf degene.
nu nemet vriuntlîche hiute mînen solt,
daʒ ir mich über füeret, ich bin iu wærlîchen holt.“

Dô sprach aber der verge: „des mac niht gesîn. 1558
eʒ habent fîande die lieben herren mîn,
dar umbe ich niemen vremeden füere in ditze lant.
sô liep dir sî ze lebene, sô trit vil balde ûʒ an den sant.“

„Nune tuot des niht“, sprach Hagene, „wan trûrec ist mîn muot. 1559
nemet von mir ze minne diʒ golt vil guot
und füeret uns über tûsent ros unt alsô manigen man.“
dô sprach der grimme verge: „daʒ wirdet nimmer getân.“

Er huop ein starkeʒ ruoder, michel unde breit, 1560
er sluoc ûf Hagenen (des wart er ungemeit),
daʒ er in dem schiffe strûchte an sîniu knie.
sô rehte grimmer verge der kom dem Tronegære nie.

Dô wolde er baʒ erzürnen den übermüeten gast; 1561
er sluoc im eine schalten, daʒ diu gar zerbrast,
Hagenen über daʒ houbet, er was ein starker man.
dâ von der Elsen verge den grôʒen schaden dâ gewan.

Mit grimmegem muote greif Hagene zehant 1562
vil balde zeiner scheiden, dâ er ein wâfen vant.
er sluoc im ab daʒ houbet und warf eʒ an den grunt.
diu mære wurden schiere den stolzen Burgonden kunt.

An den selben stunden dô er den schifman sluoc, 1563
daʒ schif daʒ vlôʒ en ouwe, daʒ was im leit genuoc.
ê erʒ gerihte widere, müeden er began,
dô zôh vil krefteclîche des künec Guntheres man.

Mit zügen harte swinden kêrt eʒ der gast, 1564
unz im daʒ starke ruoder an sîner hende brast.
er wolde zuo den recken ûʒ an einen sant.
dâ was deheineʒ mêre, hey wie schier er dâʒ gebant

Mit einem schiltveʒʒel! daʒ was ein porte smal. 1565
gegen einem walde kêrt er hin ze tal.
dô vant er sînen herren an dem stade stân,
dô gie im hin engegene vil manic wætlîcher man.

Mit gruoʒe in wol enpfiengen die snellen riter guot. 1566
dô sâhens in dem schiffe riechen daʒ bluot
von einer starken wunden, die er dem vergen sluoc.
dô wart von den degenen gevrâget Hagene genuoc.

Dô der künic Gunther daʒ heiʒe bluot ersach 1567
sweben in dem schiffe, wie balde er dô sprach:
„wan saget ir mir, her Hagene, war ist der verge komen?
iuwer starkeʒ ellen wæn im daʒ leben hât benomen."

Dô sprach er lougenlîche: „dâ ich daʒ schif dâ vant, 1568
bî einer wilden wîden, dâ lôsteʒ mîn hant.
ich hân deheinen vergen hiute hie gesehen,
eʒ ist ouch niemen leide von mînen schulden hie geschehen."

Dô sprach von Burgonden der herre Gêrnôt: 1569
„hiute muoʒ ich sorgen ûf lieber friunde tôt,
sît wir der schifliute bereite nine hân,
wie wir komen übere. des muoʒ ich trûric gestân."

Vil lûte rief dô Hagene: ,,leit nider ûf daȝ gras, 1570
ir knehte, diu gereite. ich gedenke, daȝ ich was
der aller beste verge, den man bî Rîne vant;
ja trûwe ich iuch wol bringen hin über in Gelpfrâtes lant.“

Daȝ si deste balder kœmen über fluot, 1571
diu ros si an sluogen, der swimmen daȝ wart guot,
wand in diu starke ünde deheineȝ dâ benam.
etlîcheȝ ouwete verre, als eȝ ir müede gezam.

Dô truogen si zem scheffe ir golt und ouch ir wât, 1572
sît daȝ si der verte niht mohten haben rât.
Hagene was dâ meister, des fuort er ûf den sant
vil manigen rîchen recken in daȝ unkunde lant.

Zem êrsten brâht er übere tûsent riter hêr, 1573
dar nâch die sînen recken. dannoch was ir mêr;
niun tûsent knehte die fuort er an daȝ lant.
des tages was unmüeȝec des küenen Tronegæres hant.

Dô er si wol gesunde brâhte über die fluot, 1574
dô gedâhte vremder mære der snelle degen guot,
diu im ê dâ sageten diu wilden merwîp.
des het des küneges kappelân nâch verlorn sînen lîp.

Bî dem kappelsoume er den pfaffen vant, 1575
ob dem heilectuome er leinte an sîner hant.
des mohte er niht genieȝen; dô in Hagen sach,
der gotes arme priester muose lîden ungemach.

Er swang in ûȝ dem schiffe, dar zuo wart im gâch. 1576
dô riefen ir genuoge: ,,nu vâhâ, herre, vâch!“
Gîselher der junge, zürnen erȝ began.
ern wold iȝ doch niht lâȝen, er enhet im leide getân.

Dô sprach von Burgonden der herre Gêrnôt: 1577
,,waȝ hilfet iuh nu, Hagene, des kappelânes tôt?
tæt eȝ ander iemen, eȝ sold iu wesen leit.
umbe welhe schulde habt ir dem priester widerseit?“

Der pfaffe swam genôte, er wolde sîn genesen, 1578
ob im iemen hülfe, des mohte dô niht gewesen,
wan der starke Hagene vil zornec was gemuot.
er stieȝ in zuo dem grunde, daȝ endûhte niemen guot.

Dô der arme pfaffe der helfe niht ensach, 1579
dô kêrt er wider übere, des leid er ungemach.
swi er niht swimmen kunde, im half diu gotes hant,
daȝ er wol kom gesunder hin wider ûȝ an daȝ lant.

Dô stuont der arme priester und schutte sîne wât. 1580
dâ bî sach wol Hagene, daȝ sîn niht wære rât,
daȝ im für mære sageten diu wilden merewîp.
er dâhte: „dise degene müeȝen verliesen den lîp.“

Dô si daȝ schif entluoden und gar getruogen dan. 1581
swaȝ dar ûfe hêten der drîer künege man,
Hagene eȝ sluoc ze stucken und warf eȝ an die fluot.
des hete michel wunder die recken küene unde guot.

„Zwiu tuot ir daȝ, bruoder?“ sô sprach Dancwart. 1582
„wie sul wir komen übere, sô wir die widervart
rîten von den Hiunen ze lande an den Rîn?“
sît dô sagete im Hagene, daȝ des kunde niht gesîn.

Dô sprach der helt von Tronege: „ich tuon iȝ ûf den wân, 1583
ob wir an dirre reise deheinen zagen hân,
der uns entrinnen welle durch zägelîche nôt,
der muoȝ an disem wâge doch lîden schamelîchen tôt.“

Si fuorten mit in einen ûȝ Burgonden lant, 1584
einen helt ze sînen handen, der was Volkêr genant.
der redete spæhelîche allen sînen muot.
swaȝ ie begie Hagene, daȝ dûht den videlære guot.

Ir ros bereitet wâren, die soumer wol geladen. 1585
si heten an der verte noch deheinen schaden
genomen der si muote, wan des küneges kappelân.
der muose ûf sînen füeȝen hin wider zuo dem Rîne gân.

XXVI. ÂVENTIURE,

WIE GELPFRÂT ERSLAGEN WART VON DANCWARTE
(Str. 1586—1649).

Als alle übergesetzt sind, verkündet ihnen Hagen mit der Botschaft der Meerfrauen ihr Schicksal. Daß er den Fährmann erschlug, wollen die bairischen Grafen Else und Gelpfrat ahnden und verfolgen die Burgunden. Kampf in der Nacht. Die Nachhut unter Hagen und Dankwart schlägt die Baiern zurück; Dankwart tötet Gelpfrat. Die Burgunden haben 4, die Baiern 100 Tote. Bischof Pilgrim nimmt die Burgunden in Passau gastlich auf. Als die Sonne aufgeht, bemerkt Gunther das Blut auf den Waffen und erfährt erst jetzt von dem Kampf.

Auf der Grenze zu Rüdegers Mark liegt der Ritter Eckewart schlafend. Hagen nimmt ihm das Schwert, gibt es ihm aber wieder; dafür warnt Eckewart sie vor Kriemhilds Plänen. Gunther läßt ihn ihr Kommen bei Rüdeger anmelden.

XXVII. ÂVENTIURE,
WIE SI ZE BECHELÂREN KÔMEN.

Dô gie der marcgrâve, dâ er di vrouwen vant, 1650
sîn wîp mit sîner tohter, unt sagete in zehant
diu vil lieben mære, diu er hete vernomen,
daȝ in ir frouwen brüeder dar ze hûse solden komen.

„Vil liebiu triutinne“, sprach dô Rüedegêr, 1651
„ir sult vil wol enpfâhen die edelen künige hêr,
sô si mit ir gesinde her ze hove gân.
ir sult ouch schône grüeȝen Hagenen Guntheres man.

Mit in kumet ouch einer, der heiȝet Dancwart, 1652
der ander heiȝet Volkêr, an zühten wol bewart.
die sehse sult ir küssen unt diu tohter mîn,
und sult ouch bî den recken in zühten güetlîche sîn.“

Daȝ lobeten dô die vrouwen und wâren sîn bereit. 1653
si suochten ûȝ den kisten diu hêrlîchen kleit,
dar inne si begegene den recken wolden gân.
dâ wart vil michel vlîȝen von schœnen wîben getân.

Gevelschet frouwen varwe vil lützel man dâ vant. 1654
si truogen ûf ir houbte von golde liehtiu bant
(daȝ wâren schapel rîche), daȝ in ir schœne hâr
zefuorten niht die winde, daȝ ist an den triuwen wâr.

In solhen unmuoȝen sul wir die vrouwen lân. 1655
hie wart vil michel gâhen über velt getân
von Rüedegêres vriunden, dâ man die fürsten vant.
si wurden wol enpfangen in des marcgrâven lant.

Dô si der marcgrâve zuo im komen sach, 1656
Rüedegêr der snelle, wie vrœlîch er sprach:
„sît willekomen, ir herren, und ouch iuwer man.
hie in mînem lande vil gern ich iuh gesehen hân.“

Dô nigen im die recken mit triuwen âne haȝ. 1657
daȝ er in willec wære, vil wol erzeigete er daȝ.
besunder gruoȝte er Hagenen, den het er ê bekant.
sam tet er Volkêrn ûȝer Burgonden lant.

Er enpfie ouch Dancwarten. dô sprach der küene degen: 1658
„sît ir uns welt beruochen, nu wer sol danne pflegen
des unsern ingesindes, daʒ wir haben brâht?"
dô sprach der marcgrâve: „ir sult haben guote naht

Und alleʒ iwer gesinde. swaʒ ir in daʒ lant 1659
habt mit iu gefüeret, ros und ouch gewant,
dem schaffe ich sölhe huote, daʒ sîn niht wirt verlorn,
daʒ iu ze schaden bringe gegen einigem sporn.

Spannet ûf, ir knehte, die hütten an daʒ velt. 1660
swaʒ ir hie verlieset, des wil ich wesen gelt.
ziehet abe die zoume, diu ros diu lâʒet gân."
daʒ het in wirt deheiner dâ vor vil selten getân.

Des vreuten sich die geste. dô daʒ geschaffen was, 1661
die herren riten dannen. sich leiten in daʒ gras
über al die knehte; si heten guot gemach.
ich wæne in an der verte nie sô sanfte geschach.

Diu edele marcgrâvinne was für die burc gegân 1662
mit ir vil schœnen tohter. dô sach man bî ir stân
die minneclîchen vrouwen und manige schœne meit,
die truogen vil der bouge unde hêrlîchiu kleit.

Daʒ edele gesteine lûhte verre dan 1663
ûʒ ir vil rîchen wæte, si wâren wol getân.
dô kômen ouch die geste und erbeiʒten sâ zehant.
hey waʒ man grôʒer zühte an den Burgonden vant!

Sehs unt drîʒec mägede unt ander manic wîp, 1664
den was wol ze wunsche geschaffen der lîp,
die giengen in engegene mit manigem küenem man.
dâ wart ein schœne grüeʒen von edelen vrouwen getân.

Diu junge marcgrâvinne kuste die künige alle drî, 1665
(alsam tet ir muoter), dâ stuont ouch Hagene bî.
ir vater hieʒ in küssen; dô blihte si in an,
er dûhte si sô gremelîch, daʒ siʒ vil gerne hete lân.

Doch muoste si dâ leisten, daʒ ir der wirt gebôt. 1666
gemischet wart ir varwe, bleich unde rôt.
si kuste ouch Dancwarten, dar nâch den spilman,
durch sînes lîbes ellen wart im daʒ grüeʒen getân.

Diu junge marcgrâvinne diu nam bî der hant 1667
Gîselher den recken von Burgonden lant,
alsam tet ouch ir muoter Gunther den küenen man.
si giengen mit den helden vil harte vrœlîche dan.

Der wirt gie bî Gêrnôte in einen wîten sal. 1668
riter unde vrouwen gesâʒen dâ zetal.
dô hieʒ man balde schenken den gesten guoten wîn.
jane dorften nimmer helede baʒ gehandelet sîn.

Mit lieben ougen blicken wart gesehen an 1669
diu Rüedegêres tohter, diu was sô wol getân.
jâ trûtes in den sinnen vil manic riter guot.
daʒ konde ouch si verdienen. si was vil hôhe gemuot.

Si gedâhten, swes si wolden, des enmoht aber niht geschehen. 1670
hin und her widere wart dâ vil gesehen
an mägede und an vrouwen, der saʒ dâ genuoc.
der edele videlære dem wirte holden willen truoc.

Nâch gewonheite sô schieden si sich dâ, 1671
riter unde vrouwen die giengen anderswâ.
dô rihte man die tische in dem sale wît.
den unkunden gesten man diente hêrlîche sît.

Durch der geste liebe hin ze tische gie 1672
diu edele marcgrâvinne. ir tohter si dô lie
belîben bî den kinden, dâ si von rehte saʒ.
die geste ir niht ensâhen, si muote wærlîchen daʒ.

Dô si getrunken hêten unt geʒʒen über al, 1673
dô wîste man die schœnen wider in den sal.
gämelîcher sprüche der wart dâ niht verdeit,
der redete vil dâ Volkêr, ein degen küen und gemeit.

Dô sprach offenlîchen der edel spilman: 1674
„rîcher marcgrâve, got hât an iu getân
vil genædeclîchen, wand er iu hât gegeben
ein wîp sô rehte schœne, dar zuo ein wunneclîcheʒ leben.

Ob ich ein fürste wære,“ sprach der spilman, 1675
„und solde ich tragen krône, ze wîbe wold ich hân
die iuwern schœnen tohter, des wünschet mir der muot.
diu ist minneclîch ze sehene, dar zuo edel unde guot.“

Dô sprach der marcgrâve: „wie möhte daʒ gesîn, 1676
daʒ immer künec gegerte der lieben tohter mîn?
wir sîn hie ellende, beide ich und mîn wîp,
waʒ hülfe grôʒiu schœne der guoten juncvrouwen lîp?“

Des antwurte Gêrnôt, der wol gezogen man: 1677
„und sold ich triutinne nâch mînem willen hân,
sô wold ich solhes wîbes immer wesen vrô.“
des antwurte Hagene vil harte güetlîchen dô:

„Nu sol mîn herre Gîselher nemen doch ein wîp, 1678
eʒ ist sô hôher mâge der marcgrâvinne lîp,
daʒ wir ir gerne dienten, ich unde sîne man,
und soldes under krône dâ zen Burgonden gân."

Diu rede Rüedegêren dûhte harte guot, 1679
und ouch Gotelinde, jâ freutes in den muot.
sît truogen an die helede, daʒ si ze wîbe nam
Gîselher der edele, als eʒ wol künege gezam.

Swaʒ sich sol gefüegen, wer mac daʒ understên? 1680
man bat die juncvrouwen hin ze hove gên.
dô swuor man im ze gebene daʒ wünneclîche wîp.
dô lobet ouch er ze minnen den ir vil minneclîchen lîp.

Man beschiet der juncvrouwen bürge unde lant. 1681
des sichert dâ mit eiden des edelen küniges hant,
und ouch der herre Gêrnôt, daʒ wurde daʒ getân.
dô sprach der marcgrâve: „sît ich der bürge niht enhân,

Sô sol ich iu mit triuwen immer wesen holt. 1682
ich gibe zuo mîner tohter silber unde golt
sô hundert soumære meiste mügen getragen,
daʒ eʒ des helden mâgen nâch êren müge wol behagen."

Dô hieʒ man si beide stên an einen rinc 1683
nâch gewonheite. vil manic jungelinc
in vrœlîchem muote ir zegegene stuont,
si gedâhten in ir sinnen, sô noch die tumben gerne tuont.

Dô man begonde vrâgen die minneclîchen meit, 1684
ob si den recken wolde, ein teil was eʒ ir leit,
und dâhte doch ze nemene den wætlîchen man.
si schamete sich der vrâge, sô manic maget hât getân.

Ir riet ir vater Rüedegêr daʒ si spræche jâ 1685
unt daʒ si in gerne næme. vil schiere dô was dâ
mit sînen wîʒen handen, der si umbeslôʒ,
Gîselher der edele, swie lützel si sîn doch genôʒ.

Dô sprach der marcgrâve: „ir edelen künege rîch, 1686
als ir nu wider rîtet (daʒ ist gewonelîch)
heim ze Burgonden, sô gib ich iu mîn kint,
daʒ ir si mit iu füeret." daʒ gelobten si sint.

Swaʒ man dâ schalles hôrte, den muosen si dô lân. 1687
man hieʒ die juncvrouwen zir kemenâten gân,
und ouch die geste slâfen und ruowen an den tac.
dô bereite man die spîse, der wirt ir güetlîche pflac.

Dô si enbizȝen wâren, si wolden dannen varn 1688
gegen der Hiunen landen. „daȝ heiȝ ich wol bewarn.“
sprach der wirt vil edele, „ir sult noch hie bestân;
wand ich sô lieber geste selten her gewunnen hân.“

Des antwurte Dancwart: „jane mag es niht gesîn. 1689
wâ næmet ir die spîse, daȝ brôt und ouch den wîn,
daȝ ir sô manigem recken noch hînte müeset hân?“
dô daȝ der wirt gehôrte, er sprach: „ir sult die rede lân.

Mîne vil lieben herren, ir sult mir niht versagen. 1690
jâ gæbe ich iu die spîse ze vierzehen tagen,
mit allem dem gesinde, daȝ mit iu her ist komen;
mir hât der künec Etzel noch vil wênic iht genomen.“

Swie sêre si sich werten, si muosen dâ bestân 1691
unz an den vierden morgen. dô wart dâ getân
von des wirtes milte, daȝ verre wart geseit,
er gap den sînen gesten beidiu ros unde kleit.

Eȝ enkunde niht wern langer, si muosen dannen varn. 1692
Rüedegêr der kunde vil wênic iht gesparn
vor der sîner milte; swes iemen gerte nemen,
daȝ versagete er niemen, eȝ muose in allen gezemen.

Ir edel ingesinde brâhte für daȝ tor 1693
gesatelt vil der mœre. dô kom zuo zin dâ vor
vil der vremden recken, si truogen schilde enhant,
wand si wolden rîten in daȝ Etzelen lant.

Der wirt dô sîne gâbe bôt über al, 1694
ê daȝ die edeln geste kœmen für den sal.
er konde milteclîche mit grôȝen êren leben.
die sîne tohter schœne die het er Gîselher gegeben.

Dô gap er Gunthêre, dem helde lobelîch, 1695
daȝ wol truoc mit êren der edel künic rîch,
swie selten er gâbe enpfienge, ein wâfenlîch gewant.
dar nâch neic dô Gunther des edeln Rüedegêres hant.

Dô gap er Gêrnôte ein wâfen guot genuoc, 1696
daȝ er sît in sturme vil hêrlîchen truoc.
der gâbe im vil wol gonde des marcgrâven wîp
dâ von der guote Rüedegêr sît muose vliesen den lîp.

Gotelint bôt Hagenen, als ir vil wol gezam, 1697
ir minneclîchen gâbe, sît si der künec nam,
daȝ er ouch âne ir stiure zuo der hôchgezît
von ir varn niht solde, doch widerredete er iȝ sît.

„Alles des ich ie gesach“, sprach dô Hagene, 1698
„sone gert ich niht mêre hinnen ze tragene
niwan jenes schildes dort an jener want,
den wolde ich gerne füeren in daʒ Etzelen lant.“

Dô diu marcgrâvinne Hagenen rede vernam, 1699
eʒ mante si ir leides, weinen si gezam.
do gedâhte si vil tiure an Nuodunges tôt.
den het erslagen Witege, dâ von sô het si jâmers nôt.

Si sprach zuo dem degene: „den schilt wil ich iu geben. 1700
daʒ wolde got von himele, daʒ er noh solde leben,
der in dâ truoc enhende! der lag in sturme tôt.
den muoʒ ich immer weinen, des gât mir armem wîbe nôt.“

Diu edele marcgrâvinne von dem sedele gie, 1701
mit ir vil wîʒen handen si den schilt gevie,
diu vrouwe truog in Hagenen, er nam in an die hant.
diu gâbe was mit êren an den recken gewant.

Ein hulft von liehtem pfelle ob sîner varwe lac, 1702
beʒʒern schilt deheinen belûhte nie der tac,
von edelem gesteine; swer sîn hete gegert
ze koufen, an der koste was er wol tûsent marke wert.

Den schilt hieʒ dô Hagene von im tragen dan. 1703
dô begonde Dancwart hin ze hove gân.
dem gap vil rîchiu kleider des marcgrâven kint.
diu truoc er dâ zen Hiunen vil harte hêrlîche sint.

Alleʒ daʒ der gâbe von in wart genomen, 1704
in ir deheines hende wær ir niht bekomen,
wan durh des wirtes liebe, derʒ in sô schône bôt.
sît wurdens im sô vîent, daʒ si in muosen slahen tôt.

Volkêr der snelle mit sîner videlen dan 1705
gie gezogenlîche für Gotelinde stân.
er videlte süeʒe dœne und sanc ir sîniu liet,
dâ mit nam er urloup, do er von Bechelâren schiet.

Ir hieʒ diu marcgrâvinne eine lade tragen. 1706
von friuntlîcher gâbe muget ir hœren sagen.
dar ûʒ nam si zwelf bouge und spiens im an die hant:
„die sult ir hinnen füeren in daʒ Etzelen lant

Und sult durch mînen willen si ze hove tragen, 1707
swenne ir wider wendet, daʒ man mir müge sagen,
wie ir mir habet gedienet dâ zer hôchgezît.“
des diu vrouwe gerte, vil wol leister daʒ sît.

Dô sprach der wirt zen gesten: ,,ir sult deste sanfter varn. 1708
ich wil iuch selbe leiten und heiȝen wol bewarn,
daȝ iu ûf der strâȝe niemen müge geschaden.“
dô wurden sîne soume harte schiere geladen.

Der wirt wart wol bereitet mit fünf hundert man, 1709
mit rossen und mit kleidern. die fuort er mit im dan
vil harte frœlîchen zuo der hôchgezît;
der einer mit dem lebene kom nie ze Bechelâren sît.

Mit kusse minneclîche der wirt dô dannen schiet; 1710
alsô tet ouch Gîselher, als im sîn tugent riet.
mit umbesloȝȝen armen si trûten schœniu wîp.
daȝ muose sît beweinen vil maniger juncvrouwen lîp.

Dô wurden allenthalben diu venster ûf getân. 1711
der wirt mit sînen mannen zen rossen wolde gân.
ich wæn ir herze in sagete diu krefteclîchen leit,
dâ weinde manic vrouwe und manic wætlîchiu meit.

Nâch ir lieben friunden genuoge heten sêr, 1712
die si ze Bechelâren gesâhen nimmer mêr.
doch riten si mit vreuden nider über sant
zetal bî Tuonouwe unz in daȝ hiunische lant.

Dô sprach zen Burgonden der riter vil gemeit. 1713
Rüedegêr der edele: ,,jâ suln niht verdeit
wesen unser mære, daȝ wir zen Hiunen komen.
im hât der künic Etzel nie sô liebes niht vernomen.“

Zetal durch Ôsterrîche der bote balde reit, 1714
den liuten allenthalben wart daȝ wol geseit,
daȝ die helde kœmen von Wormeȝ über Rîn.
des küneges ingesinde konde eȝ niht lieber gesîn.

Die boten für strichen mit den mæren, 1715
daȝ die Nibelunge zen Hiunen wæren.
,,du solt si wol enpfâhen, Kriemhilt, vrouwe mîn,
dir koment nâch grôȝen êren die lieben bruoder dîn.“

Kriemhilt diu vrouwe in ein venster stuont, 1716
si warte nâch den mâgen, sô friunt nâch friunden tuont.
von ir vater lande sach si manigen man;
der künic vriesc ouch diu mære, vor liebe er lachen began.

,,Nu wol mich mîner vreuden“, sprach Kriemhilt, 1717
,,hie bringent mîne mâge vil manigen niuwen schilt
und halsperge wîȝe; swer nemen welle golt,
der gedenke mîner leide, und wil im immer wesen holt.“

XXVIII. ÂVENTIURE,

WIE DIE BURGONDEN ZUO DEN HIUNEN KÔMEN.

Dô die Burgonden kômen in daȝ lant, 1718
do gevriesc eȝ von Berne der alte Hildebrant.
er sagteȝ sînem herren. eȝ was im harte leit,
er bat in wol enpfâhen die riter küene unt gemeit.

Wolfhart der snelle hieȝ bringen diu marc. 1719
dô reit mit Dietrîche vil manic degen starc,
dâ er si grüeȝen wolde, zuo in an daȝ velt.
dâ hetens ûf gebunden vil manio hêrlîch gezelt.

Dô si von Tronege Hagene verrist rîten sach, 1720
zuo den sînen herren gezogenlîch er sprach:
„nu sult ir snelle recken von dem sedele stân,
und gêt in hin engegene, die iuch dâ wellent enpfân.

Dort kumt her ein gesinde, daȝ ist mir wol bekant. 1721
eȝ sint vil snelle degene von Amelunge lant.
die füeret der von Berne, si sint vil hôhgemuot.
ir sult iȝ niht versmâhen, swaȝ man iu dienste getuot.“

Dô stuonden von den rossen (daȝ was michel reht) 1722
neben Dietrîche manic riter unde kneht.
si giengen zuo den gesten, dâ man die helde vant,
si gruoȝten minneclîchen die von Burgonden lant.

Dô si der herre Dietrîch gegen im komen sach, 1723
hie muget ir gerne hœren, waȝ dô der degen sprach
zuo den Uoten kinden. ir reise was im leit,
er wând, eȝ weste Rüedegêr, daz erȝ in hête geseit.

„Sît willekomen, ir herren, Gunther und Gîselher, 1724
Gêrnôt unde Hagene, sam sî her Volker
und Dancwart der vil snelle. ist iu daȝ niht bekant?
Kriemhilt noch sêre weinet den helt von Nibelunge lant.“

„Si mac wol lange weinen“, sprach dô Hagene, 1725
„er lît vor manigem jâre ze tôde erslagene.
den künec von den Hiunen sol si nu holden haben;
Sîfrit kumt niht widere, er ist vor maniger zît begraben.“

„Die Sîfrides wunden lâȝen wir nu stên; 1726
sol leben diu vrouwe Kriemhilt, noch mac schade ergên.“
sô redete von Berne der herre Dietrich,
„trôst der Nibelunge, dâ vor behüete du dich.“

„Wie sol ich mich behüeten?“ sprach der künic hêr. 17
„Etzel uns boten sande (wes sol ich vrâgen mêr?),
daȥ wir zuo zim solden rîten in daȥ lant;
ouch hat uns manigiu mære mîn swester Kriemhilt gesant.“

„Ich kan iu wol gerâten“, sprach aber Hagene. 17
„nu bitet iu diu mære baȥ ze sagene
den herren Dietrîchen unt sîne helde guot,
daz si iuch lâȥen wiȥȥen der vrouwen Kriemhilde muot.“

Dô giengen sundersprâchen die drîe künige rîch, 17
Gunther und Gêrnôt und ouch her Dietrîch.
„nu sage uns, von Berne vil edel riter guot,
wie dir sî gewiȥȥen umb der küneginne muot.“

Dô sprach der voget von Berne: „waȥ sol ich iu mêre sagen? 171
ich hœre alle morgen weinen und klagen
mit jâmerlîchen sinnen daȥ Etzelen wîp
dem rîchen got von himele des starken Sîfrides lîp.“

„Eȥ ist et unerwendet“, sprach der küene man, 17
Volkêr der videlære, „daȥ wir vernomen hân.
wir suln ze hove rîten und suln lâȥen sehen,
waȥ uns vil snellen degenen müge zen Hiunen geschehen.“

Die küenen Burgonden hin ze hove riten, 173
si kômen hêrlîche nâch ir landes siten.
dô wundert dâ zen Hiunen vil manegen küenen man
umb Hagenen von Tronege, wie der wære getân.

Durch daȥ man sagete mære (des was im genuoc), 17
daȥ er von Niderlande Sîfriden sluoc,
sterkest aller recken, den Kriemhilde man,
des wart michel vrâgen ze hove nâh Hagene getân.

Der helt was wol gewahsen, daȥ ist alwâr; 173
grôȥ was er zen brusten, gemischet was sîn hâr
mit einer grîsen varwe. diu bein wâren im lanc
und eislîch sîn gesihene. er hete hêrlîchen ganc.

Dô hieȥ man herbergen di Burgonden man. 178
Gunthers ingesinde daȥ wart gesundert dan.
daȥ riet diu küniginne, diu im vil haȥȥes truoc.
dâ von man sît die knehte an der herberge sluoc.

Dancwart, Hagenen bruoder, der was marschalch. 173
der künic im sîn gesinde vlîȥeclîch bevalch,
daȥ er ir vil wol pflæge und in gæbe genuoc.
der helt von Burgonden in allen guoten willen truoc.

Kriemhilt diu schœne mit ir gesinde gie, 1737
dâ si die Nibelunge mit valschem muote enpfie.
si kuste Gîselhêren und nam in bî der hant.
daʒ sach von Tronege Hagene, den helm er vaster gebant.

,,Nâch sus getânem gruoʒe", sô sprach Hagene, 1738
,,mugen sich verdenken snelle degene,
man grüeʒet sunderlingen di künige und ir man.
wir haben niht guoter reise zuo dirre hôhgezît getân."

Si sprach: ,,nu sît willekomen, swer iuch gerne siht. 1739
durch iuwer selbes friuntschaft grüeʒe ich iuch niht.
saget, waʒ ir mir bringet von Wormeʒ über Rîn,
dar umbe ir mir sô grôʒe soldet willekomen sîn."

,,Het ich gewest diu mære", sprach dô Hagene, 1740
,,daʒ iu gâbe solden bringen degene,
ich wære wol sô rîche, het ich mich baʒ verdâht,
daʒ ich iu mîne gâbe her ze lande hete brâht."

,,Nu sult ir mich der mære mêre wiʒʒen lân; 1741
hort der Nibelunge, war habet ir den getân?
der was doch mîn eigen, daʒ ist iu wol bekant,
den soldet ir mir füeren in daʒ Etzelen lant."

,,Entriuwen, mîn vrou Kriemhilt, des ist vil manec tac 1742
daʒ ich hort der Nibelunge niene gepflac.
den hieʒen mîne herren senken in den Rîn,
dâ muoʒ er wærlîche unz an daʒ jungeste sîn."

Dô sprach diu küneginne: ,,ich hâns ouch gedâht. 1743
ir habet mirs noch vil wênic her ze lande brâht,
swi er mîn eigen wære und ich sîn wîlen pflac.
des hân ich alle zîte vil manigen trûrigen tac."

,,Jâ bringe ich iu den tiuvel", sprach aber Hagene. 1744
,,ich hân an mînem schilde sô vil ze tragene
und an mîner brünne, mîn helm der ist lieht.
daʒ swert an mîner hende, des enbringe ich iu nieht."

Dô sprach diu küneginne zen recken über al: 1745
,,man sol deheiniu wâfen tragen in den sal.
ir helde, ir sult mirs ûf geben, ich wil si behalten lân."
,,entriuwen", sprach dô Hagene, ,,daʒ wirdet nimmer getân.

Jane ger ich niht der êren, fürsten wine milt, 1746
daʒ ir zen herbergen trüeget mînen schilt
und ander mîn gewæfen, ir sît ein künegîn.
daʒ enlêrte mich mîn vater niht, ich wil selbe kamerære sîn."

„Owê mîner leide“, sprach dô vrou Kriemhilt. 17
„war umbe wil mîn bruoder und Hagene sînen schilt
niht lâʒen behalten? si sint gewarnôt.
und wesse ich wer daʒ tæte, er müese kiesen den tôt.“

Des antwurte ir mit zorne der fürste Dietrîch: 17
„ich binʒ, der hât gewarnet die edeln künege rîch,
und Hagenen den küenen, den Burgonden man.
nu zuo, vâlandinne, du solt mihs niht genieʒen lân.“

Des schamte sich vil sêre daʒ Etzelen wîp, 17
si vorhte bitterlîchen den Dietrîches lîp.
dô gie si von im balde, daʒ si niht ensprach,
wan daʒ si swinde blicke an ir vîande sach.

Bî henden sich dô viengen zwêne degene; 17
daʒ eine was her Dietrich, daʒ ander Hagene.
dô sprach gezogenlîche der recke vil gemeit:
„daʒ iuwer komen zen Hiunen daʒ ist mir wærlîche leit,

Durch daʒ diu küneginne alsô gesprochen hât.“ 17
dô sprach von Tronege Hagene: „es wirt wol alles rât.“
sus redeten mit ein ander die zwêne küene man.
daʒ sach der künec Etzel, dar umbe er vrâgen began.

„Diu mære ich weste gerne“, sprach der künec rîch, 17
„wer jener degen wære, den dort her Dietrîch
sô friuntlîch enpfâhet. er treit vil hôhen muot;
swer sîn vater wære, er mac wol sîn ein helet guot.“

Des antwurte dem künege ein Kriemhilde man: 17
„er ist geborn von Tronege, sîn vater hieʒ Aldriân.
swie blîd er hie gebâre, er ist ein grimmer man.
ich lâʒe iuch daʒ wol schouwen, daʒ ich gelogen niene hân.“

„Wie sol ich daʒ erkennen, daʒ er sô grimmec ist?“ 17
dannoch er niene wesse vil manigen argen list,
den sît diu küneginne an ir mâgen begie,
daʒ si mit dem lebene deheinen von den Hiunen lie.

„Wol erkande ich Aldriânen, der was mîn man. 17
lop unde michel êre er hie bî mir gewan.
ich machete in ze rîter und gap im mîn golt.
Helche diu getriuwe was im inneclîchen holt.

Dâ von ich wol erkenne alleʒ Hagenen sint. 17
eʒ wurden mîne gîsel zwei wætlîchiu kint,
er und von Spânje Walther, die wuohsen hie ze man.
Hagenen sande ich wider heim, Walther mit Hiltegunde entran.“

Er gedâhte langer mære, diu wâren ê geschehen. 1757
sînen friunt von Tronege den het er rehte ersehen,
der im in sîner jugende vil starken dienest bôt.
sît frumt er im in alter vil manigen lieben vriunt tôt.

XXIX. ÂVENTIURE,

WIE KRIEMHILT HAGENEN VERWEIZ UNT WIE ER NIHT GÊN IR ÛF STUONT.

Dô schieden sich die zwêne recken lobelîch, 1758
Hagene von Tronege unt ouch her Dietrîch.
dô blihte über ahsel der Guntheres man
nâch einem hergesellen, den er vil schiere gewan.

Dô sach er Volkêren bî Gîselhere stên, 1759
den spæhen videlære den bat er mit im gên,
wand er vil wol erkande sînen grimmen muot.
er was an allen dingen ein riter küene unde guot.

Noch lieʒen si die herren ûf dem hove stân. 1760
niwan si zwêne aleine sach man dannen gân
über den hof vil verre für einen palas wît.
die ûʒ erwelten degene vorhten niemannes nît.

Si gesâʒen vor dem hûse gegen einem sal, 1761
der was Kriemhilde, ûf eine banc zetal.
dô lûhte in von ir lîbe ir hêrlîch gewant.
genuoge die si sâhen si heten gerne bekant.

Alsam tier diu wilden wurden gekapfet an 1762
die übermüeten helde von den Hiunen man.
si ersach ouch durch ein venster daʒ Etzelen wîp,
des wart aber betrüebet der schœnen Kriemhilde lîp.

Er mante si ir leide, weinen si began. 1763
des hete michel wunder die Etzelen man,
waʒ ir sô schiere beswæret het ir muot.
si sprach: „daʒ hât Hagene, ir helde küene unde guot."

Si sprâchen zuo der vrouwen: „wie ist daʒ geschehen? 1764
wand wir iuch niulîche haben vrô gesehen.
nie niemen wart sô küene, derʒ iu hât getân,
heiʒet irʒ uns rechen, eʒ sol im an sîn leben gân."

„Daȥ wold ich immer dienen, swer ræche mîniu leit, 17
alles des er gerte, des wær ich im bereit.
ich biute mich iu ze füeȥen“, sprach des küniges wîp:
„rechet mich an Hagenen, daȥ er vliese den lîp.“

Dô garten sich vil balde sehzec küener man, 17
durch Kriemhilde willen si wolden hine gân
und wolden slahen Hagenen, den vil küenen man,
und ouch den videlære. daȥ wart mit râte getân.

Dô diu küneginne ir schar sô kleine sach, 17
in einem grimmem muote si zuo den helden sprach:
„des ir dâ habet gedingen, des sult ir abe gân.
jane durfet ir sô ringe nimmer Hagenen bestân.

Swie starc unt swie küene von Tronege Hagene sî, 17
noch ist verre sterker, der im dâ sitzet bî,
Volkêr der videlære, der ist ein übel man.
jane sult ir die helde niht sô lîhte bestân.“

Dô si daȥ gehôrten; dô garte sich ir mêr, 17
vier hundert sneller recken. diu küneginne hêr
was des vil genœte, daȥ si in tæte leit.
dâ von wart sît den degenen vil michel sorge bereit.

Dô si vil wol gewâfent daȥ ir gesinde sach, 17
zuo den snellen recken diu küneginne sprach:
„nu bîtet eine wîle, jâ sult ir stille stân.
ich wil under krône zuo mînen vîanden gân.

Und hœret itewîȥe, waȥ mir hât getân 17
Hagene von Tronege, der Guntheres man.
ich weiȥ in sô übermüeten, daȥ er mir lougent niht.
sô ist ouch mir unmære, swaȥ im dar umbe geschiht.“

Dô sach der videlære, ein küene spilman, 17
die edeln küneginne ab einer stiege gân
nider ab einem hûse. als er daȥ gesach,
Volkêr der vil küene zuo sînem hergesellen sprach:

„Nu schouwet, vriunt Hagene, wâ si dort her gât, 17
diu uns âne triuwe inȥ lant geladet hât.
ine gesach mit küniges wîbe nie sô manegen man,
die swert enhende trüegen, alsô strîtlîchen gân.

Wiȥȥet ir, vriunt Hagene, ob si iu sîn gehaȥ? 17
sô wil ich iu daȥ râten, ir hüetet deste baȥ
des lîbes unt der êren. jâ dunket eȥ mich guot.
als ich mich versinne, si sint zornec gemuot.

Unt sint ouch sümelîche zen brusten alsô wît, 1775
swer sîn selbes hüete, der tuo daʒ enzît.
ich wæn si under sîden die liehten brünne tragen,
wen si dâ mit meinen, daʒ kan ich niemen gesagen.“

Dô sprach in zornes muote Hagen der küene man: 1776
„ich weiʒ wol, daʒ iʒ alleʒ ist ûf mich getân,
daʒ si diu liehten wâfen tragent an der hant.
vor den möht ich gerîten noch in der Burgonden lant.

Nu saget, vriunt Volkêr, ob ir mir welt gestân, 1777
ob wellent mit mir strîten die Kriemhilde man?
daʒ lâʒet ir mich hœren, als lieb als ich iu sî.
ich won iu immer mêre mit triuwen dienstlîchen bî.“

„Ich hilf iu sicherlîchen“, sprach der spilman: 1778
„ob ich uns hie engegene sæhe den künec gân
mit allen sînen recken, die wîle ich leben muoʒ,
so entwîch ich iu durh vorhte ûʒ helfe nimmer einen fuoʒ.“

„Nu lôn iu got von himele, vil edel Volkêr. 1779
ob si mit mir strîten, wes bedarf ich danne mêr?
sît ir mir helfen wellet, als ich hân vernomen,
sô suln dise recken vil gewärlîchen komen.“

„Nu stê wir von dem sedele“, sprach der spilman: 1780
„si ist ein küneginne; und lât si für gân.
bieten ir die êre, si ist ein edel wîp.
dâ mite ist ouch getiuret unser ietweders lîp.“

„Nein durch mîne liebe“, sprach Hagene, 1781
„sô wolden sich versinnen dise degene
daʒ ihʒ durch vorhte tæte, und sold ich hin gên.
ich enwil durch ir deheinen nimmer von dem sedele stên.

Jâ zimet eʒ uns beiden zewâre lâʒen baʒ. 1782
zwiu sold ich den êren, der mir ist gehaʒ?
daʒ engetuon ich nimmer, die wîle ich hân den lîp.
ouch enruoch ich, waʒ mich nîdet des künec Etzelen wîp.“

Der übermüete Hagene leit über sîniu bein 1783
ein vil lihteʒ wâfen, ûʒ des knopfe schein
ein vil liehter jaspis, grüener danne ein gras.
wol erkandeʒ Kriemhilt, daʒ eʒ Sîfrides was.

Dô si daʒ swert erkande, dô gie ir trûrens nôt. 1784
sîn gehilze daʒ was guldîn, diu scheide ein porte rôt.
eʒ mante si ir leide, weinen si began.
ich wæne eʒ hete dar umbe der küene Hagene getân.

Volkêr der snelle zôch nâher ûf der banc 17
einen videlbogen starken, vil michel unde lanc,
gelîch einem swerte, vil scharpf unde breit.
dô sâʒen unervorhte die zwêne degene gemeit.

Nu dûhten sich sô hêre die zwêne küene man, 17
daʒ si niht enwolden von dem sedel stân
durch niemannes vorhte. des gie in an den fuoʒ
diu edele küneginne und bôt in vîntlîchen gruoʒ.

Si sprach: ,,nu saget mir, Hagene, wer hât nâch iu gesant, 17
deʒ ir getorstet rîten her in ditze lant,
und ir daʒ wol erkandet, waʒ ir mir habet getân?
hetet ir guote sinne, ir soldet eʒ billîche lân.“

,,Nâch mir sande niemen“, sprach dô Hagene. 17
,,man ladete her ze lande drîe degene,
die heiʒent mîne herren, sô bin ich ir man.
deheiner hovereise bin ich selden hinder in bestân.“

Si sprach: ,,nu saget mir mêre, zwiu tâtet ir daʒ, 17
daʒ ir daʒ habet verdienet, daʒ ich iu bin gehaʒ?
ir sluoget Sîfrîden, den mînen lieben man,
des ich unz an mîn ende immer genuoc ze weinen hân.“

Er sprach: ,,waʒ sol des mêre? der rede ist nu genuoc. 17
ich binʒ aber Hagene, der Sîfriden sluoc,
den helt ze sînen handen. wie sêre er des engalt,
daʒ diu vrouwe Kriemhilt die schœnen Prünhilden schalt!

Eʒ ist et âne lougen, küneginne rîch, 17
ich han es alles schulde, des schaden schedelîch.
nu recheʒ swer der welle, eʒ sî wîp oder man.
ich enwolde danne liegen, ich hân iu leides vil getân.“

Si sprach: ,,nu hœrt, ir recken, wâ er mir lougent niht 17
aller mîner leide. swaʒ im dâ von geschiht,
daʒ ist mir vil unmære, ir Etzelen man.“
die übermüeten degene ein ander sâhen si an.

Swer den strît dâ hüebe, sô wære dâ geschehen, 17
daʒ man den zwein gesellen der êren müese jehen,
wan siʒ in stürmen hêten vil dicke wol getân.
des sich jene vermâʒen, durch vorhte muosen si daʒ lân.

Dô sprach ein der recken: ,,wes sehet ir mich an? 17
daʒ ich ê dâ lobete, des wil ich abe gân,
durch niemannes gâbe verliesen mînen lîp.
jâ wil uns verleiten des künec Etzelen wîp.“

Dô sprach dâ bî ein ander: „des selben hân ich muot. 1795
der mir gæbe türne von rôtem golde guot,
disen videlære wold ich niht bestân,
durh sîne swinde blicke, die ich an im gesehen hân.

Ouch erkenne ich Hagenen von sînen jungen tagen, 1796
des mac man von dem recken lîhte mir gesagen.
in zwein und zweinzec stürmen hân ich in gesehen,
dâ vil maniger vrouwen ist herzeleide geschehen.

Er unt der von Spânje trâten manigen stîc, 1797
dô si hie bî Etzeln vâhten manic wîc
ze êren dem künege, des ist vil geschëhen.
dar umb muoʒ man Hagenen der êren billîche jehen.

Dannoch was der recke sîner jâr ein kint. 1798
daʒ dô die tumben wâren, wie grîs die nu sint!
nu ist er komen ze witzen und ist ein grimmec man.
ouch treit er Palmungen, daʒ er vil übele gewan."

Dâ mite was gescheiden, daʒ niemen dâne streit. 1799
dô wart der küneginne herzenlîchen leit.
die helde kêrten dannen, jâ vorhten si den tôt
von dem videlære, des gie in sicherlîchen nôt.

Dô sprach der videlære: „wir haben daʒ wol ersehen, 1800
daʒ wir hie vînde vinden, als wir ê hôrten jehen.
wir suln zuo den künegen hin ze hove gân,
sone tar unser herren mit strîte niemen bestân."

Wie dicke ein man durch vorhte manigiu dinc verlât, 1801
swâ sô friunt bî friunde friuntlîchen stât,
und hât er guote sinne, daʒ erʒ nine tuot.
schade vil maniges mannes wirt von sinnen wol behuot.

„Nu wil ich iu volgen", sprach dô Hagene. 1802
si giengen, dâ si funden die zieren degene
in grôʒem antpfange an dem hove stân.
Volkêr der vil küene lûte sprechen began

Zuo den sînen herren: „wie lange welt ir stên, 1803
daʒ ir iuch lâʒet dringen? ir sult ze hove gên
und hœret an dem künege, wie der sî gemuot."
dô sach man sich gesellen die helde küene unde guot.

Der fürste von Berne der nam an die hant 1804
Gunthern den vil rîchen von Burgonden lant,
Irnfrit nam Gêrnôten, den vil küenen man.
dô sach man Rüedegêren ze hove mit Gîselheren gân.

Swie iemen sich gesellete und ouch ze hove gie, 1805
Volkêr und Hagene di geschieden sich nie,
niwan in einem sturme an ir endes zît.
daʒ muosen edele vrouwen beweinen grœʒlîchen sît.

Dô sach man mit den künegen hin ze hove gân 1806
ir edeln ingesindes tûsent küener man,
dar über sehzec recken, die wâren mit in komen,
die hete in sînem lande der küene Hagene genomen.

Hâwart und ouch Îrinc, zwêne ûʒ erwelte man, 1807
die sach man geselleclîchen bî den künegen gân.
Dancwart und Wolfhart, ein tiwerlîcher degen,
die sach man wol ir tugende vor den anderen pflegen.

Dô der voget von Rîne in den palas gie, 1808
Etzel der rîche daʒ langer niht enlie,
er spranc von sîme sedele, als er in komen sach.
ein gruoʒ sô rehte schœne von künege nie mêr geschach.

„Sît willekomen, her Gunther, und ouch her Gêrnôt, 1809
und iuwer bruoder Gîselher. mîn dienst ich iu enbôt
mit triuwen willeclîchen ze Wormeʒ über Rîn.
und alleʒ daʒ gesinde sol mir willekomen sîn.

Nu sît uns grôʒe willekomen. ir zwêne degene, 1810
Volkêr der vil küene und ouch Hagene,
mir und mîner vrouwen her in ditze lant.
si hât iu boten manige hin ze Rîne gesant.“

Dô sprach von Tronege Hagene: „des hân ich vil vernomen. 1811
wær ich durch mîne herren zen Hiunen her niht komen,
sô wære ich iu zen êren geriten in daʒ lant.“
dô nam der wirt vil edele die lieben geste bî der hant.

Er brâhte si zem sedele, dâ er ê selbe saʒ. 1812
dô schancte man den gesten (mit vlîʒe tet man daʒ)
in wîten goldes schâlen mete, môraʒ unde wîn,
und bat die ellenden grôʒe willekomen sîn.

Dô sprach der künec Etzel: „des wil ich iu verjehen, 1813
mir enkunde in dirre werlde lieber niht geschehen
danne ouch an iu helden, daʒ ir mir sît bekomen.
des ist der küneginne vil michel trûren benomen.

Mich nimet des michel wunder, waʒ ich iu habe getân, 1814
sô manigen gast vil edeln den ich gewunnen hân.
daʒ ir nie geruochet komen in mîniu lant.
daʒ ich iuch nu gesehen hân, daʒ ist zen vreuden mir gewant.“

Des antwurte Rüedegêr, ein riter hôchgemuot: 1815
„ir muget si sehen gerne, ir triuwe diu ist guot,
der mîner vrouwen mâge sô schône kunnen pflegen.
si bringent iu ze hûse vil manegen wætlîchen degen.“

An sunewenden âbent die herren wâren komen 1816
in Etzeln hof des rîchen. vil selten ist vernomen
von alsô hôhem gruoʒe, als er die helde enpfie.
nu was ouch eʒʒenes zît, der künic mit in ze tische gie.

Ein wirt bî sînen gesten schôner nie gesaʒ. 1817
man gab in vollecliîchen trinken unde maʒ;
alles des si gerten, des was man in bereit.
man hete von den helden vil michel wunder geseit.

XXX. ÂVENTIURE,

WIE HAGEN UNT VOLKER DER SCHILTWAHT PFLÂGEN.

Der tac der hete nu ende und nâhet in diu naht. 1818
die wegemüeden recken, ir sorge si an vaht,
wann si solden ruowen und an ir bette gân.
daʒ beredete Hagene, eʒ wart in schiere kunt getân.

Gunther sprach zem wirte: „got lâʒ iuch wol geleben. 1819
wir wellen varen slâfen, ir sult uns urloup geben.
swenne ir daʒ gebietet, sô kome wir morgen fruo.“
er schiet von sînen gesten vil harte vrœlîchen duo.

Dringen allenthalben die geste man dô sach. 1820
Volkêr der küene zuo den Hiunen sprach:
„wie geturret ir den recken für die füeʒe gân?
und welt irs iuch niht mîden, sô wirt iu leide getân.

Sô slah ich etelîchem sô swæren gîgen slac, 1821
hât er getriuwen iemen, daʒ erʒ beweinen mac.
wan wîchet ir uns recken! jâ dunket eʒ mich guot.
eʒ heiʒent alleʒ degene und sint gelîche niht gemuot.“

Dô der videlære sô zorneclîchen sprach, 1822
Hagene der küene hinder sich dô sach.
er sprach: „iu rætet rehte der küene spilman.
ir Kriemhilde helde, ir sult zen herbergen gân.

Des ir dâ habet willen, ich wæn iʒ iemen tuo. 1823
welt ir ihtes beginnen, sô komet uns morgen fruo
und lât uns ellenden hînte haben gemach,
jâ wæne eʒ von helden mit solhem willen ie geschach.“

Dô brâhte man die geste in einen wîten sal, 1824
den funden si berihtet den recken über al
mit vil rîchen betten, lanc unde breit.
in riet diu vrouwe Kriemhilt diu aller grœȝesten leit.

Vil manigen kolter spæhe von Arraȝ man dâ sach 1825
der vil liehten pfellel und manec bettedach
von arâbischen sîden, die beste mohten sîn.
dar ûfe lâgen lîsten, die gâben hêrlîchen schîn.

Diu declachen härmîn vil manegiu man dâ sach, 1826
und von swarzem zobele, dar under si ir gemach
des nahtes schaffen solden unz an den liehten tac.
ein künec mit sînem gesinde nie sô hêrlîch gelac.

„Owê der nahtselde", sprach Gîselher daȝ kint, 1827
„und owê mîner friunde, die mit uns komen sint.
swie et eȝ mîn swester sô güetlîche erbôt,
ich fürhte, daȝ wir müeȝen von ir schulden ligen tôt."

„Nu lâȝet iuwer sorgen", sprach Hagene der degen. 1828
„ich wil noch hînte selbe der schiltwache pflegen.
ich trûwe uns wol behüeten, unz uns kumet der tac.
des sît gar ân angest, so genese danne swer der mac."

Dô nigen si im alle und sagten im des danc. 1829
si giengen zuo den betten. diu wîle was niht lanc,
daȝ sich geleget hêten die wætlîchen man.
Hagene der küene der helt sich wâfen began.

Dô sprach der videlære, Volkêr der degen: 1830
„versmâhet eȝ iu niht, Hagene, sô wolde ich mit iu pflegen
der schiltwache hînte unz morgen fruo."
der helt vil minneclîche dancte Volkêre duo.

„Nu lôn iu got von himele, vil lieber Volkêr. 1831
zallen mînen sorgen son gerte ich niemens mêr,
niwan iuch aleine, swâ ich hete nôt.
ich sol eȝ wol verdienen, mich enwendes der tôt."

Dô garten si sich beide in liehteȝ ir gewant. 1832
dô nam ir ietwedere den schilt an sîne hant,
und giengen ûȝ dem hûse für die tür stân.
dô pflâgen si der geste, daȝ was mit triuwen getân.

Volkêr der snelle, zuo des sales want 1833
sînen schilt den guoten leint er von der hant.
dô gie er hin widere, die videln er genam,
dô diente er sînen friunden, als eȝ dem helde gezam.

Under die tür des hûses saȥ er ûf den stein. 1834
küener videlære wart nie dehein.
dô im der seiten dœnen sô süeȥlîch erklanc,
die stolzen ellenden sagtens Volkêren danc.

Dô klungen sîne seiten, daȥ al daȥ hûs erdôȥ. 1835
sîn ellen zuo der fuoge diu beidiu wâren grôȥ.
süeȥer unde senfter videlen er began,
dô entswebete er an den betten vil manegen sorgenden man.

Dô si entslâfen wâren und er daȥ ervant, 1836
dô nam der degen widere den schilt an die hant,
und gie ûȥ dem gademe für die tür stân,
und huote der ellenden vor den Kriemhilde man.

Des nahtes wol enmitten, ine weiȥ iȥ ê geschach, 1837
daȥ Volkêr der küene einen helm schînen sach
verre ûȥ einer vinster. die Kriemhilde man
wolden an den gesten schaden gerne hân getân.

Dô sprach der videlære: „friunt her Hagene, 1838
uns zimet disiu sorge ensamt ze tragene.
ich sihe gewâfent liute vor dem hûse stên;
als ich mich versinne, ich wæn si wellent uns bestên.“

„Sô swîget“, sprach dô Hagene, „lât se uns her nâher baȥ. 1839
ê si unser werden innen, sô wirt hie helmevaȥ
verrucket mit den swerten von unser zweier hant.
si werdent Kriemhilde hin wider übele gesant.“

Ein der Hiunen recken vil schiere daȥ gesach, 1840
daȥ diu tür was behüetet, wie balde er dô sprach:
„des wir dâ heten willen, jan mag es niht ergân.
ich sihe den videlære an der schiltwache stân.

Der treit ûf sînem houbte einen helm glanz, 1841
lûter unde herte, starc unde ganz.
ouch lohent im die ringe, sam daȥ fiwer tuot.
bî im stêt ouch Hagene, des sint die geste wol behuot.“

Zehant si kêrten widere. dô Volkêr daȥ ersach, 1842
wider sînen gesellen er zorneclîchen sprach:
„nu lât mich zuo den recken von dem hûse gân,
ich wil vrâgen mære der vrouwen Kriemhilde man.“

„Nein durch mîne liebe“, sprach dô Hagene. 1843
„komet ir von dem hûse, die snellen degene
bringent iuch mit swerten vil lîhte in sölhe nôt,
daȥ ich iu müese helfen, wæreȥ aller mîner mâge tôt.

Sô wir danne beide kœmen in den strît, 1844
ir zwêne oder viere in einer kurzen zît
sprungen zuo dem hûse und tæten uns diu leit
an den slâfenden, diu nimmer würden verkleit."

Dô sprach aber Volkêr: „sô lât doch daʒ geschehen, 1845
daʒ wir si bringen innen, daʒ ich si habe gesehen,
daʒ des iht haben lougen die Kriemhilde man,
daʒ si ungetriuwelîche vil gerne hêten getân."

Zehant dô rief in Volkêr hin engegene: 1846
„wie gêt ir sus gewâfent, ir snellen degene?
welt ir schâchen rîten, ir Kriemhilde man?
dar sult ir mich ze helfe und mînen hergesellen hân."

Des antwurte im niemen. zornec was sîn muot: 1847
„pfî, ir zagen bœse", sprach der helt guot,
„wolt ir slâfende uns ermordet hân?
daʒ ist sô guoten helden noch vil selten her getân."

Dô wart der küneginne vil rehte geseit, 1848
daʒ ir boten niht enwurben. von schulden was ir leit.
dô fuogte si eʒ anders, vil grimmec was ir muot.
des muosen sît verderben helde küene unde guot.

XXXI. ÂVENTIURE,

WIE SI ZE KIRCHEN GIENGEN (Str. 1849—1920).

Am nächsten Morgen gehen die Burgunden — gewaffnet auf den Rat Hagens hin, der vorgibt, seine Herren erschienen auf allen Festen die ersten drei Tage so — und die Hunnen zur Kirche. Vor dem Portal weichen Hagen und Volker der Kriemhild nicht aus. Turnier. Dietrich und Rüdeger halten ihre Mannen von den Burgunden fern. Auftreten Irnfried von Thüringen, Hawart von Dänemark, von den Hunnen Blödelin, Schrutan, Gibeche, Ramung, Hornboge. Volker tötet einen stutzerhaften Hunnen. Den ausbrechenden Tumult bändigt Etzel: der Hunne sei durch Straucheln ums Leben gekommen.

Festmahl. Kriemhild wirbt um Schutz und Hilfe für ihren Plan. Hildebrand und Dietrich lehnen es ab. Blödelin aber, dem sie Nuodungs Mark und Frau verspricht sowie Silber und Gold, läßt sich gewinnen und waffnet sich mit seinen Mannen. Auf Kriem-

hilds Geheiß wird ihr Sohn Ortlieb an die Tafel gebracht. Etzel will ihn den Burgunden zur Erziehung mit nach Worms geben, Hagen aber prophezeit seinen nahen Tod.

XXXII. ÂVENTIURE,

WIE DANCWART BLOEDELÎNEN SLUOC (Str. 1921—1950).

Blödelin überfällt mit 1000 Mann die burgundischen Knappen unter Dankwart, die getrennt von den andern zu Tisch sitzen, obwohl Dankwart die Verantwortung für Siegfrieds Ermordung ablehnt:
Str. 1924, 3 ich was ein wênic kindel, dô Sîfrit vlôs den lîp.
Dankwart tötet Blödelin. Die Hunnen können die Burgunden erst nach kräftiger Verstärkung überwältigen. Nur Dankwart vermag sich zu Etzels Festsaal durchzuschlagen.

XXXIII. ÂVENTIURE,

WIE DIE BURGONDEN MIT DEN HIUNEN STRITEN.

Alsô der küene Dancwart under di tür getrat, 1951
daʒ Etzeln gesinde er hôher wîchen bat.
mit bluote was berunnen alleʒ sîn gewant,
ein vil starkeʒ wâfen daʒ truog er blôʒ an sîner hant.

Vil lûte rief dô Dancwart zuo dem degene: 195
„ir sitzet al ze lange, bruoder Hagene.
iu unde gote von himele klag ich unser nôt,
riter unde knehte sint in den herbergen tôt.“

Er rief im hin engegene: „wer hât daʒ getân?“ 195
„daʒ hât der herre Blœdelîn unde sîne man.
ouch hât ers sêre engolten, daʒ wil ich iu sagen,
ich hân mit mînen handen im sîn houbet abe geslagen.“

„Daʒ ist ein schade kleine“, sprach aber Hagene, 19
„dâ man saget mære von einem degene,
ob er von recken henden verliuset sînen lîp,
in suln deste ringer klagen wætlîchiu wîp.

Nu saget mir, bruoder Dancwart, wie sît ir sô rôt? 19
ich wæne ir von wunden lîdet grôʒe nôt.
ist er inder ime lande, derʒ iu hât getân,
in erner der übel tiuvel, eʒ muoʒ im an sîn leben gân.“

„Du sihest mich wol gesunden, mîn wât ist bluotes naȝ. 1956
von ander manne wunden ist mir geschehen daȝ,
der ich alsô manegen hiute hân erslagen,
ob ich des swern solde, ine kund iȝ nimmer gesagen.“

Er sprach: „bruoder Dancwart, sô hüetet uns der tür, 1957
und lât der Hiunen einen komen niht derfür.
ich wil reden mit den recken, als uns des twinget nôt.
unser ingesinde lît vor in unverdienet tôt.“

„Sol ich sîn kamerære“, sprach der küene man, 1958
„alsô rîchen künegen ich wol gedienen kan,
sô pflige ich der stiegen nâch den êren mîn.“
den Kriemhilde degenen kunde leider niht gesîn.

„Mich nimt des michel wunder“, sprach aber Hagene, 1959
„waȝ nu hinne rûnen die Hiunen degene.
si wæn des lîhte enbæren der an der türe stât,
unt diu hovemære gesaget den Burgonden hât.

Ich hân vernomen lange von Kriemhilde sagen, 1960
daȝ si ir herzen leide wolde niht vertragen.
nu trinken wir die minne und gelten küneges wîn.
der junge vogt der Hiunen, der muoȝ der aller êrste sîn.“

Dô sluoc daȝ kint Ortlieben Hagen der helet guot, 1961
daȝ im gegen der hende ame swerte vlôȝ daȝ bluot
und daȝ der küneginne daȝ houbet spranc in die schôȝ.
dô huop sich under degenen ein mort vil grimmec unde grôȝ.

Dar nâch sluog er dem magezogen einen swinden slac 1962
mit beiden sînen henden, der des kindes pflac,
daȝ im daȝ houbet schiere vor tische nider lac.
eȝ was ein jæmerlîcher lôn, den er dem magezogen wac.

Er sach vor Etzeln tische einen spilman, 1963
Hagen in sînem zorne gâhen dar began.
er sluoc im ûf der videlen ab die zeswen hant:
„daȝ habe dir ze boteschefte in der Burgonden lant.“

„Sô wê mir mîner hende“, sprach Werbel der spilman. 1964
„her Hagene von Tronege waȝ het ich iu getân?
ich kom ûf grôȝe triuwe in iuwer herren lant.
wie klenke ich nu die dœne, sît ich verlorn hân die hant?“

Hagene ahte ringe, gevidelte er nimmer mêr. 1965
dô frumt er in dem hûse diu verchgrimmen sêr
an den Etzeln recken, der er sô vil ersluoc.
dô brâhte er in dem hûse liutes ze tôde genuoc.

Volkêr der vil snelle von dem tische spranc, 1966
sîn videlboge im lûte an sîner hende erklanc.
dô videlte ungefuoge Guntheres spilman.
hey waʒ er im ze vînde der küenen Hiunen gewan!

Ouch sprungen von den tischen die drîe künege hêr. 1967
si woldenʒ gerne scheiden, ê daʒ schaden geschæhe mêr.
sine mohtenʒ mit ir sinnen dô niht understân,
dô Volkêr unde Hagene sô sêre wüeten began.

Dô sach der vogt von Rîne ungescheiden den strît, 1968
dô sluoc der fürste selbe vil manige wunden wît
durch die liehten ringe den vîanden sîn.
er was ein helt zen handen, daʒ tet er grœʒlîchen schîn.

Dô kom ouch zuo dem strîte der starke Gêrnôt; 1969
jâ frumte er der Hiunen vil manegen helt tôt
mit einem scharpfen swerte, daʒ gap im Rüedegêr.
den Etzelen recken tet er diu grœʒlîchen sêr.

Der junge sun vroun Uoten zuo dem strîte spranc, 1970
sîn wâfen hêrlîchen durch die helme erklanc
den Etzelen recken ûʒer Hiunen lant.
dâ tet vil michel wunder des küenen Gîselheres hant.

Swie frum si alle wæren, die künige und ouch ir man, 1971
doch sach man vor in allen Gîselheren stân
gegen den vîanden; er was ein helt guot.
er frumte dâ mit wunden vil manegen vallen in daʒ pluot.

Ouch werten sich vil sêre die Etzelen man. 1972
dô sach man die geste houwende gân
mit den vil liehten swerten durh des küneges sal.
dô hôrt man allenthalben von wuofe grœʒlîchen schal.

Dô wolden die dar ûʒe zir friunden sîn dar in, 1973
die nâmen an den türen vil kleinen gewin.
dô wæren die dar inne vil gerne für den sal,
Dancwart lieʒ ir deheinen die stiegen ûf noch zetal.

Des huop sich vor den türen vil starker gedranc 1974
unde ouch von den swerten grôʒer helmklanc.
des kom der küene Dancwart in eine grôʒe nôt,
daʒ besorgete sîn bruoder, als im sîn triuwe gebôt.

Vil lûte rief dô Hagene Volkêren an: 1975
„sehet ir dort, geselle, mînen bruoder stân
vor hiunischen recken under starken slegen?
vriunt, nert mir den bruoder, ê wir vliesen den degen."

„Daʒ tuon ich sicherlîchen“, sprach der spilman. 1976
er begonde videlende durch den palas gân;
ein herteʒ swert im ofte an sîner hende erklanc.
die recken von dem Rîne im sageten grœʒlîchen danc.

Volkêr der küene zuo Dancwarte sprach: 1977
„ir habet erliten hiute vil grôʒen ungemach.
mich bat iuwer bruoder durch helfe zuo ziu gân.
welt ir nu sîn dar ûʒe, sô wil ich innerthalben stân.“

Dancwart der snelle stuont ûʒerhalp der tür, 1978
er werte in die stiege, swaʒ ir kom darfür.
des hôrte man wâfen hellen den helden an der hant.
sam tet ouch innerthalben Volkêr von Burgonden lant.

Der küene videlære rief über die menege: 1979
„der sal ist wol besloʒʒen, vriunt her Hagene.
jâ ist alsô verschranket diu Etzelen tür,
von zweier helde handen dâ gênt wol tûsent rigele für.“

Dô von Tronege Hagene die tür sach sô behuot, 1980
den schilt warf dô ze rucke der mære helt guot,
alrêrst begond er rechen, daʒ im dâ was getân.
dô heten sîne vînde ze lebene deheiner slahte wân.

Dô der vogt von Berne rehte daʒ ersach, 1981
daʒ Hagene der starke sô manegen helm brach,
der künec der Amelunge spranc ûf eine banc;
er sprach: „hie schenket Hagene daʒ aller wirsiste tranc.“

Der wirt het grôʒe sorge als im daʒ gezam 1982
(waʒ man im lieber vriunde vor sînen ougen nam!),
wand er vor sînen vînden vil kûme dâ genas.
er saʒ vil angestlîche, waʒ half in, daʒ er künec was?

Kriemhilt diu rîche rief Dietrîchen an: 1983
„nu hilf mir, riter edele, mit dem lîbe dan,
durch aller fürsten tugende ûʒ Amelunge lant;
wan erreichet mich Hagene, ich hân den tôt an der hant.“

„Wie sol ich iu gehelfen“, sprach her Dietrich, 1984
„edeliu küneginne? nu sorge ich umbe mich.
eʒ sint sô sêre erzürnet die Guntheres man,
daʒ ich an disen zîten gefriden niemen enkan.“

„Neinâ, herre Dietrich, vil edel riter guot, 1985
lâʒâ hiute schînen dînen tugentlîchen muot,
daʒ du mir helfest hinnen, oder ich belîbe tôt.“
der sorge gie Kriemhilde vil harte grœʒlîche nôt.

„Daȝ wil ich versuochen, ob ich iu gehelfen kan; 1986
wande ich in langen zîten nie gesehen hân
sô bitterlîch erzürnet sô manegen riter guot.
jâ sihe ich durch die helme von swerten springen daȝ bluot.“

Mit kraft begonde ruofen der degen ûȝ erkorn, 1987
daȝ sîn stimme erlûte alsam ein wisentes horn,
unt daȝ diu burc vil wîte von sîner kraft erdôȝ.
diu sterke Dietrîches was unmæȝlîche grôȝ.

Dô gehôrte Gunther ruofen disen man 1988
in dem herten sturme, losen er began.
er sprach: „Dietrîches stimme ist in mîn ôre komen,
ich wæne im unser degene haben etwen hie benomen.

Ich sihe in ûf dem tische, er winket mit der hant. 1989
ir friunt unde mâge von Burgonden lant,
gehabet ûf des strîtes, lât hœren unde sehen,
waȝ hie dem degene von mînen mannen sî geschehen.“

Dô der künec Gunther bat und ouch gebôt, 1990
si habten ûf mit swerten in des strîtes nôt.
daȝ was gewalt vil grôȝer, daȝ dâ niemen sluoc.
er vrâgte den von Berne der mære schiere genuoc.

Er sprach: „vil edel Dietrich, waȝ ist iu hie getân 1991
von den mînen vriunden? willen ich des hân,
buoȝe unde suone bin ich iu bereit.
swaȝ iu iemen tæte, daȝ wær mir inneclîchen leit.“

Dô sprach der herre Dietrich: „mir ist niht getân. 1992
lât mich ûȝ dem hûse mit iuwerm vride gân
von disem herten strîte mit dem gesinde mîn,
daȝ wil ich sicherlîchen immer dienende sîn.“

„Wie vlêhet ir sô schiere?“, sprach Wolfhart. 1993
„jâ hât der videlære die tür nie sô verspart,
wir entslieȝen si sô wîte, daȝ wir dar füre gân.“
„nu swîget“, sprach her Dietrich: „ir habet den tiuvel getân.“

Dô sprach der künec Gunther: „erlouben ich iu wil, 1994
füeret ûȝ dem hûse lützel oder vil,
âne mîne vînde, die suln hie bestân.
si hânt mir hie zen Hiunen sô rehte leide getân.“

Dô er daȝ erhôrte, under arme er beslôȝ 1995
die edeln küneginne, der sorge diu was grôȝ.
dô fuort er anderthalben Etzeln mit im dan.
ouch gie mit Dietrîche sehs hundert wætlîcher man.

Dô sprach der marcgrâve, der edel Rüedegêr: 1996
„sol aber ûʒ dem hûse iemen komen mêr,
die iu doch gerne dienen, daʒ lâʒet uns vernemen,
sô sol ouch vride der stæte guoten vriunden gezemen.“

Des antwurte Gîselher von Burgonden lant: 1997
„vride unde suone sî iu von uns bekant,
sît ir sît triuwen stæte, ir und iuwer man.
ir sult unangestlîchen mit iuwern vriunden hinnen gân.“

Dô Rüedegêr der herre gerûmete den sal, 1998
fünf hundert oder mêre im volgten über al,
der von Bechelâren, vriunt und sîner man,
von den der künic Gunther schaden grôʒen sît gewan.

Dô sach ein Hiunen recke Etzelen gân 1999
bî Dietrîche nâhen, genoʒʒen wold ers hân.
dem gap der videlære einen solhen slac,
daʒ im vor Etzeln füeʒen daʒ houbet schiere gelac.

Dô der wirt des landes kom für daʒ hûs gegân, 2000
dô kêrte er sich hin widere und sach Volkêren an.
„owê mir dirre geste, ditz ist ein grimmiu nôt,
daʒ alle mîne recken sulen vor in ligen tôt.

Ach wê der hôchgezîte“, sprach der künec hêr. 2001
„dâ vihtet einer inne, der heiʒet Volkêr,
alsam ein eber wilde, und ist ein spilman.
ich dankes mîme heile, daʒ ich dem tiuvel entran.

Sîne leiche lûtent übele, sîne züge die sint rôt. 2002
jâ vellent sîne dœne vil manigen helt tôt.
ine weiʒ niht waʒ uns wîʒe der selbe spilman,
wand ich gast deheinen sô rehte leiden nie gewan.“

Si heten die si wolden lâʒen für den sal, 2003
dô huop sich innerthalben ein grœʒlîcher schal.
die geste sêre râchen, daʒ in ê geschach.
Volkêr der vil küene, hey waʒ er helme zerbrach!

Sich kêrte gegen dem schalle Gunther der künec hêr. 2004
„hœrt ir die dœne, Hagene, die dort Volkêr
videlet mit den Hiunen, swer zuo den türen gât?
eʒ ist ein rôter anstrich, den er zem videlbogen hât.“

„Mich riuwet âne mâʒe“, sô sprach Hagene, 2005
„daʒ ich ie gesaʒ in dem hûse vor dem degene.
ich was sîn geselle unde ouch er der mîn, [sîn.
und kome wir immer wider heim, daʒ suln wir noch mit triuwen

Nu schouwe, künec hêre, Volkêr ist dir holt, 2006
er dienet willeclîche dîn silber und dîn golt.
sîn videlboge im snîdet durch den herten stâl,
er brichet ûf den helmen diu liehte schînenden mâl.

Ine gesach nie videlære sô hêrlîchen stân, 2007
alsô der degen Volkêr hiute hât getân.
die sînen leiche hellent durch helm unde rant.
jâ sol er rîten guotiu ros und tragen hêrlîch gewant."

Swaȝ der Hiunen mâge in dem sale was gewesen, 2008
des enwas nu deheiner dar inne mê genesen.
des was der schal geswiftet, daȝ iemen mit in streiȝ,
diu swert von handen legeten die küenen recken gemeit.

XXXIV. ÂVENTIURE,

WIE SIE DIE TÔTEN ÛZ DEM SAL WURFEN (Str. 2009—2027).

Die Burgunden werfen 7000 Tote und Verwundete aus dem Saal die Treppe herab. Die davor stehenden Hunnen weichen vor Volker zurück, der einen hunnischen Marschalk tötet, als er einen verwundeten Verwandten bergen will. Auf Hagens Verhöhnung hin will Etzel in den Kampf, wird aber zurückgehalten. Kriemhild bietet reichlich Gold und Land für Hagens Kopf.

XXXV. ÂVENTIURE,

WIE ÎRINC ERSLAGEN WART (Str. 2028—2080).

Markgraf Iring von Dänemark stürzt sich allein in den Kampf und schlägt sich mit Hagen, Volker, Gunther, Gernot. Giselher streckt ihn nieder. Als er aus der Betäubung erwacht, verwundet er Hagen mit seinem Schwert Waske und kehrt zu den Seinen zurück. Kriemhild dankt ihm. Als er sich in den Kampf zurückbegibt, wird er von Hagen tödlich verwundet. Irnfried von Thüringen und Hawart von Dänemark, Irings Lehnsherr, versuchen mit ihren Mannen, ihn zu rächen, werden aber alle getötet.

XXXVI. ÂVENTIURE,

WIE DIU KÜNIGINNE DEN SAL VEREITEN HIEZ.

„Nu bindet ab die helme“, sprach Hagene der degen. 2081
„ich und mîn geselle wir suln iuwer pflegen.
und wellent iʒ noch versuochen zuo zuns di Etzeln man,
sô warne ich mîne herren so ich aller schiereste kan.“

Dô entwâfent daʒ houbet vil manic riter guot, 2082
si sâʒen ûf die wunden, die vor in in daʒ bluot
wâren zuo dem tôde von ir handen komen.
dâ wart der edeln geste vil übele goume genomen.

Noch vor dem âbende dô schuof der künec daʒ, 2083
und ouch diu küneginne, daʒ eʒ versuochten baʒ
die hiunischen recken. der sach man vor in stân
noch wol zweinzec tûsent, si muosen dâ ze strîte gân.

Sich huob ein sturm herte zuo den gesten sân. 2084
Dancwart, Hagenen bruoder, der vil snelle man,
spranc von sînen herren zen vîenden für die tür.
man wânde er wære erstorben, er kom gesunder wol dar für.

Der herte strît werte unz inʒ diu naht benam. 2085
dô werten sich die geste, als guoten helden zam,
den Etzelen mannen den sumerlangen tac.
hey waʒ noch küener degene vor in veige gelac!

Zeinen sunewenden der grôʒe mort geschach, 2086
daʒ diu vrouwe Kriemhilt ir herzen leit errach
an ir næhsten mâgen und ander manigem man,
dâ von der künec Etzel vreude nimmer mêr gewan.

In was des tages zerunnen, dô gie in sorge nôt. 2087
si gedâhten daʒ in beʒʒer wære ein kurzer tôt
denne lange dâ ze quelne ûf ungefüegiu leit.
eines vrides si dô gerten, die stolzen rîter gemeit.

Si bâten, daʒ man bræhte den künec zuo in dar. 2088
die bluotvarwen helde und ouch harnaschvar
trâten ûʒ dem hûse, die drîe künege hêr.
sine wessen wem ze klagene diu ir vil grœʒlîchen sêr.

Etzel unde Kriemhilt die kômen beide dar. 2089
daʒ lant was ir eigen, des mêrte sich ir schar.
er sprach zuo den gesten: „nu saget, waʒ welt ir mîn?
ir wænet vride gewinnen, daʒ kunde müelîch gesîn.

Ûf schaden alsô grôʒen als ir mir habt getân, 2090
(ir sult is niht genieʒen, sol ich mîn leben hân,
mîn kint daʒ ir mir sluoget und vil der mâge mîn)
vride unde suone sol iu vil gar versaget sîn."

Des antwurte Gunther: „des twanc uns grôʒiu nôt. 2091
alleʒ mîn gesinde lac vor dînen helden tôt
an der herberge, wie het ich daʒ versolt?
ich kom zuo dir ûf triuwe, ich wânde daʒ du mir wærest holt."

Dô sprach von Burgonden Gîselher daʒ kint: 2092
„ir Etzelen helde, die noch hie lebende sint,
waʒ wîʒet ir mir recken? waʒ hân ich iu getân?
wand ich vriuntlîche in diʒ lant geriten hân."

Si sprâchen: „dîner güete ist al diu burc vol 2093
mit jâmer, zuo dem lande. jâ gonden wir dir wol,
daʒ du nie komen wærest von Wormeʒ über Rîn.
daʒ lant habt ir verweiset, du unt ouch die brüeder dîn."

Dô sprach in zornes muote Gunther der degen: 2094
„welt ir diʒ starke haʒʒen ze einer suone legen
mit uns ellenden recken, deist beidenthalben guot.
eʒ ist gar âne schulde swaʒ uns Etzel getuot."

Dô sprach der wirt zen gesten: „mîn und iuwer leit 2095
diu sint vil ungelîche. diu michel arbeit
des schaden zuo den schanden, die ich hie hân genomen,
des sol iwer deheiner nimmer lebende hinnen komen."

Dô sprach zuo dem künege der starke Gêrnôt: 2096
„sô sol iu got gebieten, daʒ ir friuntlîchen tuot.
slahet uns ellenden, und lât uns zuo ziu gân
hin nider an die wîte, daʒ ist iu êre getân.

Swaʒ uns geschehen künne, daʒ lât kurz ergân. 2097
ir habt sô vil gesunder, und turrens uns bestân,
daʒ si uns sturmmüede lâʒent niht genesen.
wie lange suln wir recken in disen arbeiten wesen?"

Die Etzelen recken die heteʒ nâch getân, 2098
daʒ si si wolden lâʒen für den palas gân.
daʒ gehôrte Kriemhilt, eʒ was ir grimme leit.
des wart den ellenden der vride ze gâhes widerseit.

„Neinâ, Hiunen recken, des ir dâ habet muot, 2099
ich rât an rehten triuwen, daʒ ir des niht entuot,
daʒ ir die mortræchen iht lâʒet für den sal
sô müesen iuwer mâge lîden den tœtlîchen val.

Ob ir nu niemen lebte wan diu Uoten kint, 2100
die mînen edelen bruoder, und koments an den wint,
erkuolent in die ringe, sô sît ir alle vlorn.
eʒ enwurden küener degene nie zer werlde geborn."

Dô sprach der junge Gîselher: ,,vil schœniu swester mîn, 2101
des trûte ich vil übele, dô du mich über Rîn
ladetes her ze lande in dise grôʒe nôt.
wie hân ich an den Hiunen hie verdienet den tôt?

Ich was dir ie getriuwe, nie getet ich dir leit. 2102
ûf solhen gedingen ich her ze hove reit,
daʒ du mir holt wærest, vil edeliu swester mîn.
bedenke an uns genâde, eʒ mac niht anders gesîn."

,,Ine mac iu niht genâden, ungenâde ich hân. 2103
mir hât von Tronege Hagene sô grôʒiu leit getân,
eʒ ist vil unversüenet, die wîle ich hân den lîp.
ir müeʒet es alle engelden", sprach daʒ Etzelen wîp.

,,Welt ir mir Hagenen einen ze gîsele geben, 2104
sone wil ich niht versprechen ich welle iuch lâʒen leben,
wand ir sît mîne bruoder und einer muoter kint,
sô rede ich eʒ nâch der suone mit disen helden die hie sint."

,,Nune welle got von himele", sprach dô Gêrnôt. 2105
,,ob unser tûsent wæren, wir lægen alle tôt,
der sippen dîner mâge, ê wir dir einen man
gæben hie ze gîsel. eʒ wirdet nimmer getân."

,,Wir müesen doch ersterben", sprach dô Gîselher. 2106
,,uns enscheidet niemen von riterlîcher wer.
swer gerne mit uns vehte, wir sîn et aber hie,
wande ich deheinen mînen friunt an den triuwen nie verlie."

Dô sprach der küene Dancwart (im zæme niht ze dagene): 2107
,,jane stêt noch niht eine mîn bruoder Hagene.
die hie den vride versprechent, eʒ mac in werden leit.
des bringe wir iuch innen, daʒ sî iu wærlîch geseit."

Dô sprach diu küneginne: ,,ir helde vil gemeit, 2108
nu gêt der stiege nâher und rechet mîniu leit.
daʒ wil ich immer dienen, als ich von rehte sol.
der Hagenen übermüete der gelôn ich im wol.

Lât einen ûʒ dem hûse niht komen über al, 2109
sô heiʒ ich viern enden zünden an den sal,
sô werdent wol errochen elliu mîniu leit."
die Etzelen degene die wurden schiere bereit.

Die noch hie ûʒe stuonden, die tribens in den sal 2110
mit slegen und mit schüʒʒen, des wart vil grôʒ der schal.
doch wolden nie gescheiden die fürsten und ir man,
sine konden von ir triuwen an ein ander niht verlân.

Den sal den hieʒ dô zünden daʒ Etzelen wîp. 2111
dô quelte man den recken mit fiwer dâ den lîp.
daʒ hûs von einem winde vil balde alleʒ enbran.
ich wæn daʒ volc deheineʒ grœʒer angest ie gewan.

Genuoge ruoften drinne: „owê dirre nôt! 2112
wir möhten michel gerner sîn in sturme tôt.
eʒ möhte got erbarmen, wie sîn wir alle vlorn!
nu richet ungefuoge an uns diu küneginne ir zorn.“

Ir einer sprach dar inne: „wir müeʒen ligen tôt. 2113
waʒ hilfet uns daʒ grüeʒen, daʒ uns der künec enbôt?
mir tuot von starker hitze der durst sô rehte wê,
des wæn mîn leben schiere in disen sorgen zergê.“

Dô sprach von Tronege Hagene: „ir edeln riter guot, 2114
swen twinge durstes nôt, der trinke hie daʒ bluot.
daʒ ist in solher hitze noch beʒʒer danne wîn.
eʒ enmac an disen zîten et nu niht beʒʒer gesîn.“

Dô gie der recken einer da er einen tôten vant, 2115
er kniete im zuo der wunden, den helm er ab gebant,
dô begonde er trinken daʒ vlieʒende bluot.
swie ungewon ers wære, eʒ dûhte in grœʒlîchen guot.

„Nu lône iu got, her Hagene“, sprach der müede man, 2116
„daʒ ich von iuwer lêre sô wol getrunken hân.
mir ist noch vil selten geschenket beʒʒer wîn.
leb ich deheine wîle, ich sol iu immer wæge sîn.“

Dô di andern daʒ gehôrten, daʒ eʒ in dûhte guot, 2117
dô wart ir michel mêre, die trunken ouch daʒ bluot.
dâ von gewan vil krefte ir eteslîches lîp.
des engalt an lieben friunden sît vil manec wætlîcheʒ wîp.

Daʒ fiwer viel genôte ûf si in den sal, 2118
dô leiten siʒ mit schilden von in hin zetal.
der rouch und ouch diu hitze in tâten beidiu wê.
ich wæne der jâmer immer mêr an helden ergê.

Dô sprach von Tronege Hagene: „stêt zuo des sales want, 2119
lât niht die brende vallen ûf iuwer helmbant.
tret si mit den füeʒen tiefer in daʒ bluot.
eʒ ist ein übel hôhzît, die uns diu küneginne tuot.“

In sus getânen leiden in doch der naht zeran. 2120
noch stuont vor dem hûse der küene spilman
und Hagene sîn geselle, geleinet über rant,
si warten schaden mêre von den ûʒ Etzelen lant.

Dô sprach der videlære: „nu gê wir in den sal. 2121
sô wænent des die Hiunen daʒ wir sîn über al
tôt von dirre quâle, diu an uns ist getân,
si sehent uns noch begegene in strîte ir etelîchen stân.“

Dô sprach von Burgonden Gîselher daʒ kint: 2122
„ich wæn eʒ tagen welle, sich hebt ein küeler wint.
nu lâʒ uns got von himele noch lieber zît geleben.
uns hât mîn swester Kriemhilt ein arge hôhzît gegeben.“

Dô sprach aber einer: „ich kiuse nu den tac. 2123
sît daʒ eʒ uns nu beʒʒer wesen niht enmac,
sô wâfent ir iuch, helde, gedenket an den lîp.
jâ kumt uns aber schiere des künec Etzelen wîp.“

Der wirt wolde wænen, die geste wæren tôt 2124
von ir arbeite und von des fiwers nôt,
dô lebte ir noch dar inne sehs hundert küener man,
daʒ nie künec deheiner beʒʒer degene gewan.

Der ellenden huote hete wol ersehen, 2125
daʒ noch die geste lebten, swie vîl in was geschehen
ze schaden unt ze leide, den herren unde ir man.
man sach si in dem gademe noch vil wol gesunde stân.

Man sagete Kriemhilde, ir wære vil genesen. 2126
dô sprach diu küneginne, daʒ kunde nimmer wesen
daʒ ir deheiner lebte von des fiwers nôt:
„ich wil des baʒ getruwen daʒ si alle ligen tôt.“

Noch genæsen gerne die fürsten und ir man, 2127
ob noch iemen wolde genâde an in begân.
dine kunden si niht vinden an den von Hiunen lant,
dô râchen si ir sterben mit vil williger hant.

Des tages wider morgen grüeʒen man in bôt 2128
mit hertem urliuge, des kômen helde in nôt.
dô wart zuo zin geschoʒʒen vil manec starker gêr,
sich werten riterlîchen die recken küene unde hêr.

Dem Etzeln gesinde erweget was der muot, 2129
daʒ si wolden dienen daʒ Kriemhilde guot,
dar zuo si wolden leisten, daʒ in der künec gebôt.
des muose maneger schiere von in kiesen den tôt.

Von geheiʒe und ouch von gâbe man mohte wunder sagen. 2130
si hieʒ golt daʒ rôte dar mit schilden tragen,
si gab eʒ swer sîn ruochte und eʒ wolde enpfân.
jane wart nie grœʒer solden mêr ûf vîende getân.

Ein michel kraft der recken dar zuo gewâfent gie. 2131
dô sprach der küene Volkêr: „wir sîn et aber hie.
ine gesach ûf vehten nie helde gerner komen,
die daʒ golt des küneges uns ze vâre hânt genomen.“

Dô riefen ir genuoge: „nâher, helde, baʒ, 2132
daʒ wir dâ suln verenden, und tuon bezîte daʒ.
hie belîbet niemen wan der doh sterben sol.“
dô sach man schier ir schilde stecken gêrschüʒʒe vol.

Waʒ mac ich sagen mêre? wol zwelf hundert man 2133
di versuochten eʒ vil sêre wider unde dan.
dô kuolten mit den wunden die geste wol ir muot.
eʒ enmohte niemen scheiden, des sach man vlieʒen daʒ bluot

Von verchtiefen wunden, der wart dâ vil geslagen. 2134
ieslîchen nâch sînen vriunden hôrte man dô klagen.
die biderben sturben alle dem rîchen künege hêr.
des heten holde mâge nâch in grœʒlîchiu sêr.

XXXVII. ÂVENTIURE,

WIE RÜEDEGÊR ERSLAGEN WART.

Eʒ heten die ellenden wider morgen guot getân. 2135
wine der Gotelinde kom ze hove gegân.
dô sach er beidenthalben diu grœʒlîchen sêr,
daʒ weinte inneclîche der getriuwe Rüedegêr.

„Owê mir“, sprach der recke, „daʒ ich ie den lîp gewan, 2136
daʒ disen grôʒen jâmer kan niemen understân!
swie gerne ihʒ vriden wolde, der künec entuot es niht,
wande er der sînen leide ie mêr und mêre gesiht.“

Dô sande an Dietrîchen der guote Rüedegêr, 2137
ob siʒ noch kunden wenden an den künegen hêr.
dô enbôt im der von Berne: „wer möht iʒ understân?
eʒ enwil der künec Etzel niemen scheiden lân.“

Dô sah ein Hiunen recke Rüedegêren stân 2138
mit weinenden ougen, und hetes vil getân.
der sprach zer küneginne: „nu seht ir wie er stât,
der doch gewalt den meisten hie bî Etzelen hât,

Unt dem eʒ alleʒ dienet, liut unde lant. 2139
wie ist sô vil der bürge an Rüedegêr gewant,
der er von dem künege sô manege haben mac!
er gesluoc in disen stürmen noch nie lobelîchen slac.

Mich dunket, er enruoche, wie eʒ hie umbe gât, 2140
sît daʒ et er den vollen nâch sînem willen hât.
man giht im, er sî küener danne iemen müge sîn,
daʒ ist in disen sorgen worden bœslîche schîn.“

Mit trûrigem muote, der vil getriuwe man, 2141
den er daʒ reden hôrte, der helt der bliht in an.
er gedâht: „du solt eʒ arnen. du gihest, ich sî verzagt,
du hâst dîniu mære ze hove ze lûte gesagt.“

Die fûst begond er twingen, dô lief er in an, 2142
und sluoc sô krefteclîche den hiunischen man,
daʒ er im vor den füeʒen lac vil schiere tôt.
dô was aber gemêret des künec Etzelen nôt.

„Hin, du zage mære“, sprach dô Rüedegêr. 2143
„ich hân doch genuoge leit unde sêr,
daʒ ich hie niht envihte, zwiu wîʒest du mir daʒ?
jâ wære ich den gesten von grôʒen schulden gehaʒ,

Und alleʒ daʒ ich möhte, daʒ het ich in getân, 2144
niwan daʒ ich die recken her gefüeret hân.
jâ was ich ir geleite in mînes herren lant,
des ensol mit in niht strîten mîn vil ellendes hant.“

Dô sprach zem marcgrâven Etzel der künec hêr: 2145
„wie habt ir uns geholfen, vil edel Rüedegêr!
wand wir sô vil der veigen hie ze lande hân,
wir bedorften ir niht mêre, ir habt vil übele getân.“

Dô sprach der ritter edele: „da beswârt er mir den muot 2146
und hât mir geitewîʒet êre unde guot,
des ich von dînen handen hân sô vil genomen,
daʒ ist dem lügenære ein teil unstätelîche komen.“

Dô kom diu küneginne und het iʒ ouch gesehen, 2147
daʒ von des heldes zorne dem Hiunen was geschehen.
si klaget eʒ ungefuoge; ir ougen wurden naʒ.
si sprach ze Rüedegêre: „wie habe wir verdienet daʒ,

Daʒ ir mir unt dem künege mêret unser leit? 2148
nu habt ir uns, edel Rüedegêr, alleʒ her geseit,
ir woldet durch uns wâgen die êre und ouch daʒ leben.
ich hôrt iu vil der recken den prîs vil grœʒlîchen geben.

Ich man iuch der genâden und ir mir habt gesworn, 2149
do ir mir zuo Etzeln rietet, riter ûʒ erkorn,
daʒ ir mir woldet dienen an unser eines tôt.
des wart mir armem wîbe nie sô grœʒlîche nôt."

„Daʒ ist âne lougen, ich swuor iu, edel wîp, 2150
daʒ ich durch iuch wâgte êre und ouch den lîp,
daʒ ich die sêle vliese, des enhân ich niht gesworn.
zuo dirre hôhgezîte brâht ich die fürsten wol geborn."

Si sprach: „gedenke, Rüedegêr, der grôʒen triuwe dîn, 2151
der stæte und ouch der eide, daʒ du den schaden mîn
immer woldest rechen und elliu mîniu leit."
dô sprach der marcgrâve: „ich hân iu selten iht verseit."

Etzel der rîche vlêgen ouch began. 2152
dô buten si sich beide ze füeʒen für den man.
den edelen marcgrâven unmuotes man dô sach.
der vil getriuwe recke harte jâmerlîchen sprach:

„Owê mir gotes armen, daʒ ich ditz gelebet hân. 2153
aller mîner êren der muoʒ ich abe stân,
triuwen unde zühte, der got an mir gebôt.
owê got von himele, daʒ mihs niht wendet der tôt!

Swelheʒ ich nu lâʒe unt daʒ ander begân, 2154
sô hân ich bœslîche und vil übele getân,
lâʒe aber ich si beide, mich schiltet elliu diet.
nu ruoche mich bewîsen, der mir ze lebene geriet."

Dô bâten si genôte, der künec und ouch sîn wîp. 2155
des muosen sider recken verliesen den lîp
von Rüedegêres hende, dâ ouch der helt erstarp.
ir muget daʒ hie wol hœren, daʒ er vil jâmerlîchen warp.

Er wiste schaden gewinnen und ungefüegiu leit. 2156
er hête dem künege vil gerne verseit,
und ouch der küneginne. vil sêre vorhte er daʒ,
ob er ir einen slüege, daʒ im diu werlt trüege haʒ.

Dô sprach zuo dem künege der vil küene man: 2157
„her künec, nu nemt hin widere, al daʒ ich von iu hân,
daʒ lant mit den bürgen, des sol mir niht bestân.
ich wil ûf mînen füeʒen in daʒ ellende gân."

Dô sprach der künec Etzel: „wer hülfe danne mir? 2158
daʒ lant zuo den bürgen daʒ gib ich alleʒ dir,
daʒ du mich rechest, Rüedegêr, an den vîenden mîn.
du solt ein künec gewaltec beneben Etzelen sîn."

Dô sprach aber Rüedegêr: „wie sol ihȝ ane vân? 2159
heim ze mînem hûse ich si geladen hân,
trinken unde spîse ich in güetlîchen bôt,
und gap in mîne gâbe, wie sol ich râten in den tôt?

Di liute wænent lîhte, daȝ ich sî verzaget. 2160
deheinen mînen dienest hân ich in widersaget,
den vil edeln fürsten unde den ir man,
ouch riuwet mich diu vriuntschaft, die ich mit in geworben hân.

Gîselher dem degene gab ich die tohter mîn. 2161
sine kunde in dirre werlde niht baȝ verwendet sîn
ûf zuht und ouch ûf êre, ûf triuwe und ouch ûf guot.
ine gesach nie künec sô jungen sô rehte tugentlîch gemuot.

Dô sprach aber Kriemhilt: „vil edel Rüedegêr, 2162
nu lâ dich erbarmen unser beider sêr,
mîn und ouch des küneges. gedenke wol dar an,
daȝ nie wirt deheiner sô leide geste gewan.“

Dô sprach der marcgrâve wider daȝ edel wîp: 2163
„eȝ muoȝ hiute gelten der Rüedegêres lîp,
swaȝ ir und ouch mîn herre mir liebes habt getân,
dar umbe muoȝ ich sterben. daȝ mac niht langer gestân.

Ich weiȝ wol. daȝ noch hiute mîn bürge und mîniu lant 2164
iu müeȝen ledec werden von ir etelîches hant.
ich bevilhe iu ûf genâde mîn wîp und mîniu kint
und ouch die vil ellenden die dâ ze Bechelâren sint.“

„Nu lôn dir got, Rüedegêr“, sprach der künec dô. 2165
er unt diu küneginne, si wurden beidiu vrô.
„uns suln dîne liute vil wol bevolhen wesen,
ouch trûwe ich mînem heile, daȝ du maht selbe wol genesen.“

Dô lieȝ er an die wâge sêle unde lîp. 2166
dô begonde weinen daȝ Etzelen wîp.
er sprach: „ich muoȝ iu leisten, als ich gelobet hân.
owê der mînen friunde, die ich vil ungerne bestân.“

Man sah in von dem künege vil trûreclîchen gên. 2167
dô vant er sîne recken vil nâhen bî im stên.
er sprach: „ir sult iuch wâfen, alle mîne man.
die küenen Burgonden die muoȝ ich leider bestân.“

Si hieȝen balde springen, dâ man ir gewæfen vant. 2168
eȝ der helm wære oder des schildes rant,
von ir ingesinde wart eȝ in dar getragen.
sît hôrten leidiu mære die stolzen ellenden sagen.

Gewâfent wart dô Rüedegêr mit fünf hundert man, 2169
dar über zwelf recken ze helfe er gewan.
die wolden prîs erwerben in des sturmes nôt,
sin wessen niht der mære, daʒ in sô nâhete der tôt.

Dô sah man Rüedegêre under helme gân. 2170
eʒ truogen swert diu scharpfen di Rüedegêres man,
dar zuo vor ir handen die liehten schilde breit.
daʒ sach der videlære, eʒ was im grœʒlîche leit.

Dô sah der junge Gîselher sînen sweher gên 2171
mit ûf gebundem helme. wie moht er dô verstên,
waʒ er dâ mite meinte, niwan alleʒ guot?
des wart der künec edele sô rehte vrœlîch gemuot.

„Nu wol mich solher vriunde“, sprach Gîselher der degen, 2172
„die wir hân gewunnen ûfe disen wegen.
wir suln mînes wîbes vil wol genieʒen hie.
mir ist liep ûf mîne triuwe, daʒ ie der hîrât ergie.“

„Ine weiʒ, wes ir iuch trœstet“, sprach dô der spilman. 2173
„wa gesâhet ir ie durch suone sô manegen helet gân
mit ûf gebunden helmen, die trüegen swert enhant?
an uns wil dienen Rüedegêr sîne bürge und sîniu lant.“

Bedaʒ der videlære die rede volsprach, 2174
Rüedegêrn den edelen man vor dem hûse sach.
sînen schilt den guoten sazt er für den fuoʒ.
dô muos er sînen friunden versagen dienest unde gruoʒ.

Der edel marcgrâve rief in den sal: 2175
„ir küenen Nibelunge, nu wert iuch über al.
ir soldet mîn genieʒen, nu engeltet ir mîn.
ê dô wâren wir friunde, der triuwen wil ich ledec sîn.“

Dô erschrahten dirre mære die nôthaften man, 2176
wand ir deheiner vreude dâ von niht gewan,
daʒ mit in wolde strîten, dem si dâ wâren holt.
si heten von ir vînden vil michel arbeit gedolt.

„Nune welle got von himele“, sprach Gunther der degen, 2177
„daʒ ir iuch genâden sült an uns bewegen
unt der vil grôʒen triuwe, der wir doch heten muot.
ich wil iu des getrûwen daʒ ir eʒ nimmer getuot.“

„Jane mac ichs niht gelâʒen“, sprach dô der küene man, 2178
„ich muoʒ mit iu strîten, wande ihʒ gelobet hân.
nu wert iuch, küenen helde, sô lieb iu sî der lîp.
mich enwoldes niht erlâʒen des künec Etzelen wîp.“

„Ir widersagt uns nu ze spâte“, sprach dô der künec hêr. 2179
„nu müeʒ iu got vergelten, vil edel Rüedegêr,
triuwe unde minne, die ir uns habt getân,
ob irʒ an dem ende woldet güetlîcher lân.

Wir soldenʒ immer dienen, daʒ ir uns habt gegeben, 2180
ich und mîne mâge, ob ir uns lieʒet leben,
der hêrlîchen gâbe, dô ir uns brahtet her
in Etzeln lant mit triuwen, des gedenket, edel Rüedegêr.“

„Wie wol ich iu des gunde“, sprach Rüedegêr der degen, 2181
„daʒ ich iu mîne gâbe mit vollen solde wegen
alsô willeclîchen, als ich des hete wân,
sone wurde mir dar umbe nimmer schelten getân.“

„Erwindet, edel Rüedegêr“, sprach dô Gêrnôt. 2182
„wand eʒ wirt deheiner gesten nie erbôt
sô rehte minneclîchen, als ir uns habt getân,
des sult ir wol genieʒen, ob wir bî lebene bestân.“

„Daʒ wolde got“, sprach Rüedegêr, „vil edel Gêrnôt, 2183
daʒ ir ze Rîne wæret unde ich wære tôt
mit etelîchen êren, sît ich iuch sol bestân!
eʒ enwart noch nie an helden wirs von friunden getân.“

„Nu lôn iu got, her Rüedegêr“, sprach aber Gêrnôt, 2184
„der vil rîchen gâbe. mich riuwet iuwer tôt,
sol an iu verderben sô tugentlîcher muot.
hie trage ich iuwer wâfen, daʒ ir mir gâbet, helet guot.

Daʒ ist mir nie geswichen in aller dirre nôt, 2185
under sînen ecken lît manic riter tôt.
eʒ ist lûter unde stæte, hêrlîch unde guot.
ich wæn sô rîche gâbe ein recke nimmer mêr getuot.

Und welt ir niht erwinden, irn wellet zuo uns gân, 2186
slaht ir mir iht der vriunde, die ich noch hinne hân,
mit iuwer selbes swerte nim ich iu den lîp!
sô riuwet ir mich, Rüedegêr, und iuwer hêrlîcheʒ wîp.“

„Daʒ wolde got, her Gêrnôt, und möhte daʒ ergân, 2187
daʒ aller iuwer wille wære hie getân,
unt daʒ genesen wære iuwer friunde lîp,
jâ sol iu wol getrûwen beide mîn tohter und mîn wîp.“

Dô sprach von Burgonden der schœnen Uoten kint: 2188
„wie tuot ir sô, her Rüedegêr? die mit mir komen sint,
si sint iu alle wæge. ir grîfet übel zuo.
die iuwern schœnen tohter welt ir verwitwen ze fruo.

Swenne ir und iuwer recken mit strîte mich bestât, 2189
wie rehte unvriuntlîche ir daȝ schînen lât,
daȝ ich iu wol getrûwe für alle ander man,
dâ von ich zeinem wîbe iuwer tohter mir gewan."

„Gedenket iuwer triuwe, vil edel künec hêr, 2190
gesende iuch got von hinnen", sô sprach Rüedegêr,
„lât die juncvrouwen niht engelten mîn,
durch iuwer selbes tugende sô ruochet ir genædec sîn."

„Daȝ tæt ich billîchen", sprach Gîselher daȝ kint. 2191
„die hôhen mîne mâge, die noch hier inne sint,
suln die von iu ersterben, sô muoȝ gescheiden sîn
diu vil stæte vriuntschaft zuo dir und ouch der tohter dîn."

„Nu müeȝ uns got genâden", sprach dô der küene man. 2192
dô huoben si die schilde, alsô si wolden dan
strîten zuo den gesten in Kriemhilde sal.
dô rief vil lûte Hagene von der stiegen hin zetal:

„Belîbet eine wîle, vil edel Rüedegêr", 2193
alsô sprach dô Hagene. „wir wolden reden mêr,
ich und mîne herren, als uns des twinget nôt.
waȝ mac gehelfen Etzeln unser ellenden tôt?"

„Ich stên in grôȝen sorgen", sprach aber Hagene. 2194
„den schilt den mir vrou Gotelint gap ze tragene,
den habent mir die Hiunen zerhouwen vor der hant.
ich fuort in friuntlîche in daȝ Etzelen lant.

Daȝ des got von himele ruochen wolde, 2195
daȝ ich schilt sô guoten noch tragen solde
sô den du hâst vor hende, vil edel Rüedegêr!
sô bedorfte ich in den stürmen deheiner halsperge mêr."

„Vil gerne ich dir wære guot mit mînem schilde, 2196
torst ich dir in bieten vor Kriemhilde.
doch nim du in hin, Hagene, unt trag in an der hant.
hey soldest du in füeren in der Burgonden lant!"

Dô er im sô willeclîchen den schilt ze gebene bôt, 2197
dô wart genuoger ougen von heiȝen trähen rôt.
eȝ was diu leste gâbe, die sider immer mêr
gebôt deheinem degene von Bechelâren Rüedegêr.

Swie grimme Hagene wære und swi herte gemuot, 2198
ja erbarmte in diu gâbe, die der helet guot
bî sînen lesten zîten sô nâhen het getân.
vil manec riter edele mit im trûren began.

„Nu lôn iu got von himele, vil edel Rüedegêr. 2199
eȝ wirt iwer gelîche deheiner nimmer mêr,
der ellenden recken sô hêrlîche gebe.
got sol daȝ gebieten daȝ iuwer tugent immer lebe.“

„Sô wê mir dirre mære“, sprach aber Hagene. 2200
„wir heten ander swære sô vil ze tragene,
sul wir mit friunden strîten, daȝ sî got gekleit.“
dô sprach der marcgrâve: „daȝ ist mir inneclîchen leit.“

„Nu lôn ich iu der gâbe, vil edel Rüedegêr, 2201
swie halt gein iu gebâren dise recken hêr,
daȝ nimmer iuch gerüeret in strîte hie mîn hant,
ob ir si alle slüeget die von Burgonden lant.“

Des neig im mit zühten der guote Rüedegêr. 2202
sie weinten allenthalben, daȝ disiu herzen sêr
niemen gescheiden kunde, daȝ was ein michel nôt.
vater aller tugende lag an Rüedegêre tôt.

Dô sprach von dem hûse Volkêr der spilman: 2203
„sît mîn geselle Hagene den fride hât getân,
den sult ouch ir stæte haben von mîner hant.
daȝ habt ir wol verdienet, dô wir kômen in daȝ lant.

Vil edel marcgrâve, ir sult mîn bote sîn. 2204
dise rôten bouge gap mir diu marcgrâvîn,
daȝ ich si tragen solde hie zer hôhgezît,
die muget ir selbe schouwen, daȝ ir mîn geziuc des sît.“

„Daȝ wolde got von himele“, sprach dô Rüedegêr, 2205
„daȝ iu diu marcgrâvinne noch solde geben mêr!
diu mære sag ich gerne der triutinne mîn,
gesihe ich si gesunde, des sult ir âne zwîvel sîn.“

Als er im daȝ gelobete, den schilt huop Rüedegêr, 2206
des muotes er ertobete, done beit er dâ niht mêr,
er lief zuo den gesten einem degen gelîch.
manegen slac vil swinden sluoc der marcgrâve rîch.

Die zwêne stuonden hôher, Volkêr und Hagene, 2207
wand eȝ im ê gelobten die küenen degene.
noch vant er alsô küenen bî den türn stân,
daȝ Rüedegêr des strîtes mit grôȝen sorgen began.

Durch mortræchen willen sô lieȝen in dar in 2208
Gunther unde Gêrnôt, si heten helde sin.
dô stuont ûf hôher Gîselher, zwâre eȝ was im leit.
er versach sich noch des lebenes, dar umbe er Rüedegêren meit.

Dô sprungen zuo den vînden des marcgrâven man. 2209
man sach si nâch ir herren vil degenlîche gân.
diu snîdenden wâfen si truogen an der hant,
des brast dâ vil der helme und manec hêrlîcher rant.

Dô sluogen die vil müeden manegen swinden slac 2210
den von Bechelâren, der eben und tiefe wac,
durch die liehten ringe vaste unz ûf daʒ verch.
si tâten in dem sturme diu vil hêrlîchen werch.

Daʒ edel ingesinde was nu komen gar dar in, 2211
Volkêr und Hagene die sprungen balde hin.
sine gâben vride niemen wan dem einem man.
von ir beider handen daʒ bluot durh helme nider ran.

Wie rehte gremelîche vil swerte darinne erklanc! 2212
vil der schiltspangen ûʒ den slegen spranc,
des reis ir schiltgesteine verhouwen in daʒ bluot.
si vâhten alsô grimme. daʒ man eʒ nimmer mêr getuot.

Der vogt von Bechelâren gie wider unde dan, 2213
alsô der mit ellen in sturme werben kan.
dem tet des tages Rüedegêr harte wol gelîch,
daʒ er ein recke wære, vil küene unt ouch vil lobelîch.

Hie stuonden dise recken, Gunther und Gêrnôt, 2214
si sluogen in dem strîte vil manegen helt tôt.
Gîselher und Dancwart, di zwêne eʒ ringe wac,
des frumten si vil manegen unz ûf ir jungesten tac.

Vil wol zeigte Rüedegêr, daʒ er was starc genuoc, 2215
küene und wol gewâfent, hey waʒ er helde sluoc!
daʒ sach ein Burgonde, zornes gie im nôt.
dâ von begunde nâhen des edeln Rüedegêres tôt.

Gêrnôt der starke, den helet ruoft er an. 2216
er sprach zem marcgrâven: ,,ir welt mir mîner man
niht genesen lâʒen, vil edel Rüedegêr.
daʒ müet mich âne mâʒe, ichn kans niht an gesehen mêr.

Nu mag iu iuwer gâbe wol ze schaden komen, 2217
sît ir mir mîner vriunde habt sô vil genomen.
nu wendet iuch her umbe, vil edel küene man.
iwer gâbe wirt verdienet, so ich aller hôheste kan.“

Ê daʒ der marcgrâve zuo zim vol kœme dar, 2218
des muosen liehte ringe werden missevar.
dô sprungen zuo ein ander die êre gernde man.
ir ietwedere schermen für starke wunden began.

Ir swert sô scherpfe wâren, eʒ enkunde niht gewegen. 2219
dô sluoc Gêrnôten Rüedegêr der degen
durch helm vlinsherten, daʒ nider vlôʒ daʒ bluot.
daʒ vergalt im schiere der riter küene unde guot.

Die Rüedegêres gâbe an hende er hôhe erwac; 2220
swie wunt er zem tôde wære, er sluoc im einen slac
durch den schilt vil guoten unz ûf diu helmgespan.
dâvon sô muos ersterben der schœnen Gotelinde man.

Jane wart nie wirs gelônet sô rîcher gâbe mêr. 2221
dô vielen beide erslagene, Gêrnôt und Rüedegêr,
gelîch in dem sturme, von ir beider hant.
alrêrst erzurnde Hagene, dô er den grôʒen schaden vant.

Dô sprach der helt von Tronege: „eʒ ist uns übel komen. 2222
wir haben an in beiden sô grôʒen schaden genomen,
den nimmer überwindent ir liutê und ouch ir lant.
die Rüedegêres helde sint unser ellenden pfant."

„Owê mînes bruoder, der tôt ist hie gefrumt. 2223
waʒ mir der leiden mære zallen zîten kumt!
ouch muoʒ mich immer riuwen der edel Rüedegêr.
der schade ist beidenthalben unt diu vil grœʒlîchen sêr."

Dô Gîselher der herre sach sînen bruoder tôt, 2224
die dô dar inne wâren, die muosen lîden nôt.
der tôt der suochte sêre, dâ sîn gesinde was.
der von Bêchelâren dô langer einer niht genas.

Gunther unde Gîselher und ouch Hagene, 2225
Dancwart unde Volkêr, die guoten degene,
die giengen, dâ si funden ligen die zwêne man,
dô wart dâ von den helden mit jâmer weinen getân.

„Der tôt uns sêre roubet", sprach Gîselher daʒ kint. 2226
„nu lâʒet iuwer weinen, und gê wir an den wint,
daʒ die ringe erkuolen uns sturmmüeden man.
jâ wæn uns got niht langer hie ze lebene engan."

Den sitzen, disen leinen sah man manegen degen. 2227
si wâren aber müeʒec, dâ wâren tôt gelegen
die Rüedegêres helde. vergangen was der dôʒ.
sô lange wert diu stille, daʒ sîn Etzeln verdrôʒ.

„Owê dirre dienste", sprach des küneges wîp, 2228
„dine sint niht sô stæte, daʒ unser vîende lîp
müge des engelten von Rüedegêres hant.
er wil si wider bringen in der Burgonden lant.

Waʒ hilfet, künec Etzel, daʒ wir geteilet hân 2229
mit im, swaʒ er wolde? der helt hât missetân.
der uns dâ solde rechen, der wil der suone pflegen."
des antwurte ir Volkêr, der vil zierlîche degen:

„Der rede enist sô niht leider, vil edel küneges wîp. 2230
getörste ich heiʒen liegen alsus edeln lîp,
sô het ir tiuvellîchen an Rüedegêr gelogen.
er unt die sînen degene sint an der suone gar betrogen.

Er tet sô willeclîche, daʒ im der künec gebôt, 2231
daʒ er und sîn gesinde ist hie gelegen tôt.
nu sehet al umbe, Kriemhilt, wem ir nu gebieten welt.
iu hât unz an den ende gedienet Rüedegêr der helt.

Welt ir des niht gelouben, man solʒ iuch sehen lân." 2232
durch ir herzen leide sô wart dô daʒ getân,
man truoc den helt verhouwen, dâ in der künec sach.
den Etzelen degenen sô rehte leide nie geschach.

Dô si den marcgrâven sâhen tôten tragen, 2233
eʒ enkunde ein schrîber gebrieven noch gesagen
die manegen ungebære von wîbe und ouch von man,
diu sich von herzen jâmer aldâ zeigen began.

Der Etzelen jâmer der wart alsô grôʒ, 2234
als eines lewen stimme der rîche künec erdôʒ
mit herzen leidem wuofe; alsam tet ouch sîn wîp.
si klageten ungefuoge des guoten Rüedegêres lîp.

XXXVIII. ÂVENTIURE,

WIE HERRN DIETRÎCHES RECKEN ALLE ERSLAGEN WURDEN (Str. 2235—2323).

Dietrich von Bern schickt Helpfrich aus, um den Grund der mächtigen Klage zu erfahren, danach Hildebrand, um von den Burgunden selbst das Nähere über den Tod Rüdegers zu erkunden. Auf Wolfharts Rat begleiten ihn die Mannen Dietrichs ohne dessen Wissen. Hagen bestätigt Rüdegers Tod. Die Mannen Dietrichs klagen, Sigestab von Bern, Wolfwin von Amelungen, Wolfhart, Wolfbrand, Helpfrich, Helmnot. Hildebrand bittet, den Leichnam auszuliefern. Als Volker den dabei hitzig werdenden Wolfhart auffordert, ihn sich aus dem Saale durch Kampf zu holen, kann Hildebrand den Wolfhart nur für einen Augenblick halten; als alle Mannen Dietrichs losstürmen, eilt Hildebrand an die Spitze.

Volker tötet Sigestab, Hildebrand den Volker, Helpfrich den Dankwart; Giselher und Wolfhart töten sich gegenseitig. Nur Gunther und Hagen sowie Hildebrand, den der sterbende Wolfhart noch vor Hagen warnt, bleiben am Leben. Aber Hildebrand ist von Hagen verwundet. Er bestätigt Dietrich den Tod Rüdegers und meldet den Tod seiner eigenen Mannen. Dietrich bricht in laute Klagen aus.

XXXIX. ÂVENTIURE,

WIE HER DIETRÎCH MIT GUNTHER UND MIT HAGENE STREIT.

Dô suocht der herre Dietrich selbe sîn gewant, 2324
im half, daʒ er sich wâfent, meister Hildebrant.
dô klagete alsô sêre der kreftige man,
daʒ daʒ hûs erdieʒen von sîner stimme began.

Dô gewan er widere rehten heldes muot. 2325
in grimme wart gewâfent dô der helt guot,
einen schilt vil vesten den nam er an die hant.
si giengen balde dannen, er unde meister Hildebrant.

Dô sprach von Tronege Hagene: „ich sihe dort her gân 2326
den herren Dietrîchen, der wil uns bestân
nâch sînem starken leide, daʒ im ist hie geschehen.
man sol daʒ hiute kiesen, wem man des besten müge jehen.

Jane dunket sich von Berne der herre Dietrîch 2327
nie sô starc des lîbes und ouch sô gremelîch,
und wil erʒ an uns rechen, daʒ im ist getân",
alsô redete Hagene, „ich tar in rehte wol bestân".

Dise rede hôrte Dietrich und Hildebrant. 2328
er kom, dâ er die recken beide stênde vant
ûʒen vor dem hûse, geleinet an den sal.
sînen schilt den guoten den sazte Dietrich zetal.

In leitlîchen sorgen sprach dô Dietrîch: 2329
„wie habt ir sô geworben, Gunther, künec rîch,
wider mich ellenden? waʒ het ich iu getân?
alles mînes trôstes des bin ich eine bestân.

Iuch endûhte niht der volle an der grôʒen nôt, 2330
dô ir uns Rüedegêren den helet sluoget tôt,
nu habet ir mir erbunnen aller mîner man.
jane het ich iu helden sölher leide niht getân.

Gedenket an iuch selben unde an iuwer leit, 2331
tôt der iuwer vriunde und ouch diu arbeit,
ob eʒ iu guoten recken beswæret iht den muot.
owê wie rehte unsanfte mir tôt der Rüedegêres tuot!

Eʒ geschach ze dirre werlde nie leider manne mêr. 2332
ir gedâhtet übele an mîn und iuwer sêr.
swaʒ ich freuden hête, diu lît von iu erslagen.
jane kan ich nimmer mêre die mîne mâge verklagen."

„Jane sîn wir niht sô schuldic", sprach dô Hagene. 2333
„eʒ giengen zuo disem hûse iuwer degene,
gewâfent wol ze vlîʒe, mit einer schar sô breit.
mich dunket, daʒ diu mære iu niht rehte sîn geseit."

„Waʒ sol ich gelouben mêre? mir seiteʒ Hildebrant, 2334
dô mîne recken gerten von Amelunge lant,
daʒ ir in Rüedegêren gæbet ûʒ dem sal,
dô bütet ir niwan spotten den küenen helden her zetal."

Dô sprach der künec von Rîne: „si jâhen wolden tragen 2335
Rüedegêren hinnen, den hieʒ ich in versagen
Etzeln ze leide, und niht den dînen man,
unze daʒ dô Wolfhart dar umbe schelten began."

Dô sprach der helt von Berne: „eʒ muose et alsô sîn. 2336
Gunther, künec edele, durch die zühte dîn
ergetze mich der leide, di mir von dir sint geschehen,
und süene iʒ, riter küene, daʒ ich des künne dir gejehen.

Ergip dich mir ze gîsel, du und ouch dîn man, 2337
sô wil ich behüeten, so ich aller beste kan,
daʒ dir hie zen Hiunen niemen niht entuot.
dune solt an mir niht vinden niwan triuwe unde guot."

„Daʒ enwelle got von himele", sprach dô Hagene, 2338
„daʒ sich dir ergæben zwêne degene,
die noch sô werlîche gewâfent gegen dir stânt
und noch sô ledeclîche vor ir vîanden gânt."

„Ir ensult iʒ niht versprechen", sô redete Dietrich, 2339
„Gunther unde Hagene. ir habt beide mich
sô sêre beswæret, daʒ herze und ouch den muot,
welt ir mich ergetzen, daʒ irʒ vil billîchen tuot.

Ich gibe iu mîne triuwe und sicherlîche hant, 2340
daʒ ich mit iu rîte heim in iuwer lant.
ich leite iuch nâch den êren oder ich gelige tôt,
und wil durch iuch vergeʒʒen der mînen grœʒlîchen nôt."

„Nune muotet sîn niht mêre“, sprach aber Hagene. 2341
„von uns enzimt daʒ mære niht wol ze sagene,
daʒ sich iu ergæben zwên alsô küene man.
nu siht man bî iu niemen wan eine Hildebranden stân.“

Dô sprach meister Hildebrant: „got weiʒ, her Hagene, 2342
der iu den vride biutet mit iu ze tragene,
eʒ kumt noch an die stunde, daʒ ir in möhtet nemen.
die suone mînes herren möht ir iu lâʒen gezemen.“

„Jâ næme ich ê die suone“ sprach aber Hagene, 2343
„ê ich sô lasterlîche ûʒ einem gademe
flühe, meister Hildebrant, als ir hie habt getân.
ich wânde, daʒ ir kundet baʒ gein vîanden stân.“

Des antwurte Hildebrant: „zwiu verwîʒet ir mir daʒ? 2344
nu wer was der ûf einem schilde vor dem Waskensteine saʒ,
dô im von Spânje Walther sô vil der friunde sluoc?
ouch habt ir noch ze zeigen an iu selben genuoc.“

Dô sprach der herre Dietrich: „daʒ enzimt niht helde lîp, 2345
daʒ si suln schelten sam diu alten wîp.
ich verbiut iu, Hildebrant, daʒ ir iht sprechet mêr.
mich ellenden recken twingent grœʒlîchiu sêr.

Lât hœren“, sprach Dietrich, „recke Hagene, 2346
waʒ ir beide sprâchet, snelle degene,
dô ir mich gewâfent zuo iu sâhet gân?
ir jâhet, daʒ ir eine mit strîte woldet mich bestân.“

„Jane lougent iu des niemen“, sprach Hagene der degen, 2347
„ine welleʒ hie versuochen mit den starken slegen,
eʒ ensî daʒ mir zebreste daʒ Nibelunges swert.
mir ist zorn, daʒ unser beider hie ze gîsel ist gegert.“

Dô Dietrich gehôrte den grimmen Hagenen muot, 2348
den schilt vil balde zuhte der snelle degen guot.
wie balde gein im Hagene von der stiegen spranc!
Nibelunges swert daʒ guote vil lûte ûf Dietrîche erklanc.

Dô wesse wol her Dietrich, daʒ der küene man 2349
vil grimmes muotes wære, schermen im began
der herre von Berne vor angestlîchen slegen.
wol erkand er Hagenen, den vil zierlîchen degen.

Ouch vorht er Balmungen, ein wâfen starc genuoc. 2350
under wîlen Dietrich mit listen wider sluoc,
unze daʒ er Hagenen mit strîte doch betwanc.
er sluoc im eine wunden, diu was tief unde lanc.

Dô dâht der herre Dietrich: „du bist in nôt erwigen, 2351
ich hâns lützel êre, soltu tôt vor mir geligen.
ich wil eȝ sus versuochen, ob ich ertwingen kan
dich mir ze einem gîsel.“ daȝ wart mit sorgen getân.

Den schilt lieȝ er vallen, sîn sterke diu was grôȝ, 2352
Hagenen von Tronege mit armen er beslôȝ.
des wart dô betwungen von im der küene man.
Gunther der edele dar umbe trûren began.

Hagenen bant dô Dietrich und fuort in, dâ er vant 2353
die edeln küneginne, und gab ir bî der hant
den küenesten recken, der ie swert getruoc.
nâch ir vil starkem leide dô wart si vrœlîch genuoc.

Vor liebe neic dem degene daȝ Etzelen wîp: 2354
„immer sî dir sælic dîn herze und ouch dîn lîp.
du hâst mich wol ergetzet aller mîner nôt.
daȝ sol ich immer dienen, mich ensûmes der tôt.“

Dô sprach der herre Dietrich: „ir sult in lân genesen, 2355
edeliu küneginne. und mac daȝ noch gewesen,
wie wol er iuch ergetzet, daȝ er iu hât getân!
er sol des niht engelten, daȝ ir in seht gebunden stân.“

Dô hieȝ si Hagenen füeren an sîn ungemach, 2356
dâ er lac beslоȝȝen unt dâ in niemen sach.
Gunther der künec edele rüefen dô began:
„war kom der helt von Berne? der hât mir leide getân.“

Dô gie im hin engegene der herre Dietrîch. 2357
daȝ Guntheres ellen daȝ was vil lobelîch,
done beit ouch er niht mêre, er lief her für den sal.
von ir beider swerten huop sich ein grœȝlîcher schal.

Swie vil der herre Dietrich lange was gelobet, 2358
Gunther was sô sêre erzürnet und ertobet,
wand er nâch starkem leide sîn herzevîent was,
man saget eȝ noch ze wunder, daȝ dô her Dietrîch genas.

Ir ellen und ir sterke beide wâren grôȝ. 2359
palas unde türne von den slegen dôȝ,
dô si mit swerten hiuwen ûf die helme guot.
eȝ het der künec Gunther einen hêrlîchen muot.

Sît twang in der von Berne, sam Hagenen ê geschach. 2360
daȝ bluot man durch die ringe dem helde vlieȝen sach
von einem scharpfen swerte, daȝ truoc her Dietrich.
dô het gewert her Gunther nâch müede lobelîche sich.

Der herre wart gebunden von Dietrîches hant, 2361
swie künege niene solden lîden solhiu bant.
er dâht, ob er si lieʒe, den künec und sînen man,
alle die si fünden, die müesen tôt von in bestân.

Dietrich von Berne der nam in bî der hant, 2362
dô fuort er in gebunden, da er Kriemhilde vant.
dô was mit sînem leide ir sorgen vil erwant.
si sprach: „willekomen Gunther ûʒer Burgonden lant."

Er sprach: „ich solt iu nîgen, vil liebiu swester mîn, 2363
ob iuwer grüeʒen möhte genædeclîcher sîn.
ich weiʒ iuch, küneginne, sô zornec gemuot,
daʒ ir mir und Hagenen vil swacheʒ grüeʒen getuot."

Dô sprach der helt von Berne: „vil edeles küneges wîp, 2364
eʒ enwart nie gîsel mêre sô guoter riter lîp,
als ich iu, vrouwe hêre, an in gegeben hân,
nu sult ir die ellenden mîn vil wol genieʒen lân."

Si jach, si tæt iʒ gerne. dô gie her Dietrîch 2365
mit weinenden ougen von den helden lobelîch.
sît rach sich grimmeclîchen daʒ Etzelen wîp,
den ûʒ erwelten degenen nam si beiden den lîp.

Si lie si ligen sunder durch ir ungemach, 2366
daʒ ir sît dewedere den andern nie gesach,
unz si ir bruoder houbet hin für Hagenen truoc.
der Kriemhilde râche wart an in beiden genuoc.

Dô gie diu küneginne, dâ si Hagenen sach. 2367
wie rehte fîentlîche si zuo dem recken sprach:
„welt ir mir geben widere daʒ ir mir habt genomen,
sô muget ir noch wol lebende heim zen Burgonden komen."

Dô sprach der grimme Hagene: „diu rede ist gar verlorn, 2368
vil edeliu küneginne. jâ hân ich des gesworn,
daʒ ich den hort iht zeige, die wîle daʒ si leben,
deheiner mîner herren, sô sol ich in niemenne geben."

„Ich bringeʒ an ein ende", sô sprach daʒ edel wîp. 2369
dô hieʒ si ir bruoder nemen den lîp.
man sluoc im ab daʒ houbet, bî dem hâre si eʒ truoc
für den helt von Tronege. dô wart im leide genuoc.

Alsô der ungemuote sîns herren houbet sach, 2370
wider Kriemhilde dô der recke sprach:
„du hâst iʒ nâch dînem willen zeinem ende brâht,
und ist ouch rehte ergangen, als ich mir hete gedâht.

Nu ist von Burgonden der edel künec tôt, 2371
Gîselher der junge und ouch her Gêrnôt.
den schaz den weiʒ nu niemen wan got unde mîn,
der sol dich, vâlandinne, immer wol verholen sîn."

Si sprach: „sô habt ir übele geltes mich gewert. 2372
sô wil ich doch behalten daʒ Sîfrides swert.
daʒ truoc mîn holder vriedel, dô ich in jungest sach,
an dem mir herzeleide von iuwern schulden geschach."

Si zôh iʒ von der scheiden, daʒ kunde er niht erwern. 2373
dô dâhte si den recken des lîbes wol behern.
si huob eʒ mit ir handen, daʒ houpt si im abe sluoc.
daʒ sach der künec Etzel, dô was im leide genuoc.

„Wâfen" sprach der fürste, „wie ist nu tôt gelegen 2374
von eines wîbes handen der aller beste degen,
der ie kom ze sturme oder ie schilt getruoc!
swie vîent ich im wære, eʒ ist mir leide genuoc."

Dô sprach der alte Hildebrant: „ja geniuʒet si es niht, 2375
daʒ si in slahen torste. swaʒ halt mir geschiht,
swie er mich selben bræhte in angestlîche nôt,
iedoch sô wil ich rechen des küenen Tronegæres tôt."

Hildebrant mit zorne zuo Kriemhilde spranc, 2376
er sluoc der küneginne einen swæren swertes swanc.
jâ tet ir diu sorge von Hildebrande wê.
waʒ mohte si gehelfen, daʒ si sô grœʒlîchen schrê?

Dô was gelegen aller dâ der veigen lîp. 2377
ze stücken was gehouwen dô daʒ edele wîp.
Dietrich und Etzel weinen dô began,
si klageten inneclîche beidiu mâge unde man.

Diu vil michel êre was dâ gelegen tôt. 2378
die liute heten alle jâmer unde nôt.
mit leide was verendet des küniges hôhgezît,
als ie diu liebe leide zaller jungeste gît.

Ine kan iu niht bescheiden, waʒ sider dâ geschach, 2379
wan riter unde vrouwen weinen man dâ sach,
dar zuo die edeln knehte, ir lieben friunde tôt.
hie hât daʒ mære ein ende, daʒ ist der Nibelunge nôt.

Wörterverzeichnis

Abkürzungen

abs. = *absolut*
acc. = *Akkusativ*
adj. = *Adjektiv, adjektivisch*
adv. = *Adverb, adverbial*
an. = *anomal*
bes. = *besonders*
bildl. = *bildlich*
card. = *Kardinalzahl*
comp. = *Komparativ*
conj. = *Konjunktion*
conjv. = *Konjunctiv*
dat. = *Dativ*
enklit. = *enklitisch*
f. = *Femininum*
gek. = *gekürzt*
gen. = *Genetiv*
imp. = *Imperativ*
ind. = *Indikativ*
interj. = *Interjektion*
interr. = *Interrogativ*
intr. = *intransitiv*
m. = *Masculinum*
n. = *Neutrum*
nachs. = *Nachsatz*
nbf. = *Nebenform*
neg. = *Negation, negativ*
nom. = *Nominativ*
num. = *Numeralzahl*
ord. = *Ordinalzahl*
part. = *Partizipium*
perf. = *Perfekt*
pers. = *der Person*
pl. = *Plural*
poss. = *Possessiv*
präp. = *Präposition*
präs. = *Präsens*
prät. = *Präteritum*
pron. = *Pronomen*
red. = *reduplizierend*
refl. = *reflexiv*
s. = *siehe*
sa. = *der Sache*
sgl. = *Singular*
spez. = *speziell*
st. = *stark*
subst. = *Substantiv*
sup. = *Superlativ*
sw. = *schwach*
tr. = *transitiv*
unpers. = *unpersönlich*
v. = *Verbum*

Verzeichnis der starken Verben

1. Ablautende Verben:

	1. sgl. *des Präsens*	*1. pl.*	*1. sgl.* *des Präteritums*	*2. sgl.*	*1. pl.*	*Partizipium des Prät.*
I, 1	stîge	stîgen	steic	stige	stigen	gestigen
2	lîhe	lîhen	lêch	lihe	lihen	gelihen
II, 1	biuge	biegen	bouc	büge	bugen	gebogen
	sûge	sûgen	souc	süge	sugen	gesogen
2	biute	bieten	bôt	büte	buten	geboten

III, 1	binde	binden	bant	bünde	bunden	gebunden
2	hilfe	helfen	half	hülfe	hulfen	geholfen
IV.	nime	nemen	nam	næme	nâmen	genomen
V.	gibe	geben	gap	gæbe	gâben	gegeben
VI.	grabe	graben	gruop	grüebe	gruoben	gegraben

2. Reduplizierende Verben:

valle	vallen	viel	viele	vielen	gevallen
slâfe	slâfen	slief	sliefe	sliefen	geslâfen
loufe	loufen	lief	liefe	liefen	geloufen
scheide	scheiden	schiet	schiede	schieden	gescheiden
stôȝe	stôȝen	stieȝ	stieȝe	stieȝen	gestôȝen
ruofe	ruofen	rief	riefe	riefen	geruofen

â *interj. angehängt an imp. und Partikeln:* vâhâ, neinâ.

abe, ab *präp. mit dat. herab von, von; adv. herab, hinweg, ab.*

abe, ab *s.* aber.

abegân *an. v. mit gen. ablassen von, unterlassen, aufgeben.*

abelouf *st. m. Ort, wo das Wild aus dem Walde herausläuft.*

aber, abe, ab *adv. wieder, abermals; dagegen, aber.*

abestân *st. v. VI mit gen. ablassen von, aufgeben.*

adelvrî *adj. frei durch Geburt, aus freiem Geschlecht.*

ahte *gek. aus* ahtete *prät. zu* ahten.

ahten *sw. v. beachten, erwägen;* mich ahtet *mir gilt, mich kümmert.*

al *adv. ganz und gar, oft verstärkend wie* aldâ *oder* alsolh.

algelîche *adv. allesamt*

allenthalben *adv. auf, von, nach allen Seiten.*

aller *gen. pl. von* al *vor sup. adj., adv. zur Verstärkung.*

allerêrst, alrêrst *adv. nun erst, erst recht.*

alleȝ *adv. durchaus, ganz und gar, immerfort.*

alrôt *adj. ganz rot.*

als *s.* alsô.

alsam *adv. ebenso, ebenso wie, wie wenn, als ob.*

alsô, alse *als adv., conj. ganz so, so, ebenso; verstärkend ganz; wie, so wie, ebenso wie; als, als ob; sobald, als.*

alsolh *verstärktes* solh.

alwâr *adj. ganz wahr.*

ander *gek. aus* anderer *zu* ander *adj. der zweite, der andere.*

anders *adv. (gen.) sonst, im übrigen.*

anderswâ *adv. anderswo, anderswohin, nach verschiedenen Seiten.*

anderthalben, -halp *adv. auf der andern Seite; mit gen. jenseits.*

ane, an *präp. mit dat., acc. an, in, auf, gegen, bis an, zu — adv. an, zu, hin, auf.*
âne, ân *präp. mit acc., gen. ohne, außer, ausgenommen.*
aneme *gek. aus* an deme.
angestlîch *adj. gefährlich, schrecklich.*
angetragen *s.* antragen.
angewinnen *st. v. III, 1 mit dat. einem durch Sieg abgewinnen.*
anlegen *sw. v. refl. sich ankleiden*
anslahen *st. v. VI durch Schläge antreiben.*
anstrich *st. m. Strich auf der Geige.*
antpfanc *st. m. Empfang, Begrüßung.*
antragen *st. v. VI anstellen, anstiften, einfädeln.*
antwerc *st. n. Maschine.*
antwurte *gek. aus* antwurtete *von* antwürten *sw. v. mit dat. pers. und gen. sa. einem antworten auf.*
anziehen *st. v. II, 2 mit doppeltem acc. in Anspruch nehmen für.*
arc *adj. nichtswürdig, schlecht, verworfen.*
arc *st. n. das Böse;* ze arge verstân *übel aufnehmen.*
arc, ar *sw. m. Aar, Adler.*
arebeit, arbeit *st. f. Anstrengung, Mühsal, Not.*
arebeiten *sw. v. sich mühen, plagen.*
arnen *sw. v. ernten; entgelten, büßen.*
art *st. m. f., gen.* ardes *Herkunft, Abstammung.*
bâgen *sw. v. schreien, zanken.*
balde *adv. kühn, dreist; schnell, sogleich.*
balt *adj. kühn, tapfer, schnell.*
bant *st. n. Band, Fessel.*
baȥ *adv. besser, mehr.*
bedaȥ (*aus* bî daȥ) *conj. während, ehe.*
bedenken *sw. v. refl. mit gen. sich entschließen zu.*
bedörften *prät. conjv. zu* bedurfen.
begân, begên *an. v. tun, vollbringen, üben.*
begegene *adv. entgegen.*
beginnen *st. sw. v., prät.* began *und* begunde *mit gen. sa. beginnen, anfangen.*
begunde *prät. zu* beginnen.
behaben *sw. v. behalten, behaupten.*
behalten *red. v. verwahren, aufbewahren; beherbergen.*
behern *sw. v. mit gen. berauben.*
behüeten *sw. v.* vor *bewahren, verschonen; verhüten, Vorsorge treffen.*
beidenthalp, halben *adv. auf, zu beiden Seiten, für beide S.*
beidiu, beide (*n. von* beide) — unde *sowohl — als auch.*
beit *prät. zu* bîten.
bejagen *sw. v. erwerben.*
bekennen *sw. v. kennen, erkennen, kennenlernen; bekennen;* mir wirt bekant *ich lerne kennen, empfinde, spüre.*
bekomen *st. v. IV kommen, beikommen, gelangen.*
beleiten *sw. v. geleiten, begleiten.*
belîben, blîben *st. v. I, 1 bleiben, verharren; unterbleiben; fallen.*

belûhte *prät. von* beliuhten *sw. v. beleuchten.*
benamen (*aus* bî namen) *adv. mit Namen, namentlich.*
beneben *präp. mit dat. neben.*
benemen *st. v. IV wegnehmen, erschlagen.*
ber, bere *sw. m. Bär.*
bereden *sw. v. mit acc. sa. reden von; mit gen. verteidigen gegen.*
bereit *mit gen. sa. darin bereitwillig, dienstfertig.*
bereite *prät.* = beredete *von* bereden *oder gek. aus* bereitete *von* bereiten
bereiten *sw. v. bereit machen, zurüsten.*
berihten *sw. v. in Richte bringen, ordnen, herrichten.*
berunnen *part. prät. zu* berinnen *st. v. III, 1 überströmen, -rinnen.*
beruochen *sw. v. mit acc. sorgen für.*
bescheiden *red. v. sich kümmern um; zuweisen; erzählen, auslegen.*
bescheidenlîche, -en *adv. deutlich, verständig, wohlbedacht, vorsichtig.*
beschelten *st. v. III, 2 tadelnd oder schmähend herabsetzen.*
besliezen *st. v. II, 2 ein-, verschließen, umfassen, fesseln,* under arme b. *untern Arm nehmen, umfassen.*
besorgen *sw. v. mit Sorge bedenken, besorgt sein um.*
bestân, -stên *an. v. bleiben; zurück-, verbleiben, erhalten bleiben;* tôt b. *im Kampf bleiben; standhalten; bekämpfen, angreifen; besetzen, auf sich nehmen.*
beste *adv. am besten.*
beswârte *prät. von* beswæren *sw. v. drücken, betrüben.*
bettedach *st. n. Bettdecke.*
betwingen *st. v. III, 1 bedrängen, bezwingen.*
bevilhe *von* bevelhen *st. v. III, 2 übergeben, anvertraun.*
bevinden *st. v. III, 1 finden, antreffen; erfahren.*
bewac *prät. von* bewegen.
bewarn *sw. v. behüten; verhüten, vermeiden; refl. mit gen. sa. sich in acht nehmen, sich vorsehen;* bewart *mit part. ausgerüstet, im Besitz von,* b. an *wohl bewandert in.*
bewegen *st. v. V refl. mit gen. sich lossagen von, verzichten auf.*
bewenden *sw. v. hin-, zuwenden.*
bewîsen *sw. v. unterweisen, belehren, lehren, Vorschlag machen.*
bezeigen *sw. v. bezeichnen, abstecken.*
bezîte *adv. bei Zeiten, rechtzeitig.*
bezoc *st. m. Unterfutter.*
bezzer *aus* bezzerer (370).
bî *präp. bei, um an, auf, zu; während; durch, an; wegen, aus, von.*
biderbe *adj. brauchbar, tüchtig, tapfer.*
bieten *st. v. II, 2 bieten, anbieten, entgegenhalten; refl.* ze füezen *sich zu Füßen werfen, fußfällig bitten.*

bilde *st. n. Bild; Zeichen.*
billîch, -e, -en *adv. von Rechts wegen, mit Recht.*
bîten *st. v. I, 1 (mit gen.) warten (auf).*
biten *st. v. V mit acc. pers., gen. sa. einen bitten um.*
bitterlîchen *adv. bitter; innerlichst, heftig, sehr.*
biule *sw. f. Beule.*
bîwonen *sw. v. mit dat. pers. beistehn, zur Seite stehn;* b. dienste *Dienste leisten.*
blîde *adj. froh, heiter, freundlich, sanft.*
blihte *prät. zu* blicken.
bluotvar *adj. blutfarbig, mit Blut besudelt.*
borte *sw. m. Band von Seide und Goldfaden.*
bœslîche, -en *adv. schlimm, verwerflich.*
botenbrôt *st. n. Botenlohn.*
bouc *st. m. Spange, Ring, bes. Hals-, Armring (Schmuck).*
bracke *sw. m. Spürhund.*
brast *prät. zu* bresten.
brechen *st. v. IV brechen; überbieten (springend); durch-, zerbrechen; reißen; durchschneiden.*
bresten *st. v. IV brechen; bersten; hervorbrechen.*
briute *gen., dat. sgl. zu* brût *st. f. Verlobte, Braut, junge Frau.*
brunne *sw. m. Quell.*
brünne *st. f. Brustharnisch.*
bruoder *und* brüeder *pl. zu* bruoder.
brûtmiete *st. f. Brautlohn, Mitgift.*
buckel *st. sw. f. halbrund erhabener Metallbeschlag in der Mitte des Schildes.*
büeȝen *sw. v. bessern, vergüten, ersetzen, rächen.*
bûhurt *st. m. Ritterspiel, bei dem Schar in Schar eindringt.*
burc, *gen.* bürge *Burg, Schloß, Stadt.*
Burgonden *dat. pl. des Ländernamens als Völkernamen; auch fürs Land verwandt* in, von, zen Burgonden *in, von, nach Burgund.*

dâ *adv. da, dort; wo.*
dagen *sw. v. schweigen.*
dahte *prät. von* decken.
dan *s.* danne *und* dannen.
danne, denne, dan *adv. dann, damals; nach comp. denn, als.*
dannen, danne, dan *adv. von da weg, von dannen, fort.*
dannewert *adv. von da weg, fort.*
dannoch *adv. damals noch, sodann, noch.*
dare, dar *adv. dahin, hin, dazu; wohin, wozu.*
dar über *adv. darüber hinaus, dazu noch.*
dar under *adv. darunter, dabei.*
dar für, da für *adv. davor, da heraus, hervor, voraus, dagegen, stattdessen.*
dâ von *adv. deswegen.*
daȝ *conj. daß, so daß; darum daß, weil; damit; obgleich;* durch daȝ *weil;* ê daȝ *bevor;* unze daȝ *bis daß.*
declachen, deckelachen *st. n. Bett-, Überdecke.*
degen *st. m. Krieger, Held.*

degenheit *st. f. Tapferkeit.*
degenlîch *adj.*, degenlîche *adv. heldenhaft, tapfer.*
dehein *adj. zahlpron. irgendein, kein.*
deich *aus* daȥ ich.
deist *aus* daȥ ist.
deiswâr *aus* daȥ ist wâr.
denne *s.* danne.
des *gen.-adv. daher, deshalb, dadurch.*
dêst *aus* daȥ ist.
deweder *einer von beiden; keiner von beiden.*
di *abgeschwächte Form für* die *nom. acc. pl. m. f. und für* diu *nom., acc. pl. n.*
dicke *adv. oft, häufig.*
dienen *sw. v. dienen, werben* (nâch *um*), *Lehnsdienst leisten; verdienen, dienend erwerben, vergelten.*
dienest, dienst *st. m. n. Dienst, Dienstwilligkeit.*
dienstlîch, -lîchen *adv. dienstbar, -beflissen; durch Lehnsdienst.*
diet *st. f. Volk, Leute;* varndiu diet *wandernde Sänger, nichtritterliche Spielleute.*
dieȥen *st. v. II, 2 schallen.*
dirre *gen., dat. sgl. f. von* dirre, diser *dieser.*
disehalben, -halp *adv. diesseits.*
ditze *nom., acc. n. zu* dirre, diser.
diu *nom. sgl. f. und nom., acc. pl. n. von* der.
dô, duo *adv. da, damals, darauf, dann, und da, gleichzeitig; aber doch, dagegen, andrerseits, dennoch — relativ: als.*
doln *sw. v. dulden, ertragen.*
dœnen *sw. v. tönen, klingen.*
dörfte *prät. conjv. von* durfen.
dôȥ *prät. von* dieȥen.
dôȥ *st. m. Schall, Lärm.*
dræjen *sw. v. sich drehen, wirbeln.*
drâte *adv. schnell, eilig, alsbald.*
drâte *prät. von* dræjen.
dreuwen, dreun *s.* dröuwen.
drîe *jüngere Form neben* drî *nom. m.*
dringen *st. v. III, 1 tr. zusammendrücken, umdrängen; intr. sich drängen, andringen.*
driu *nom., acc. n. zu* drî.
dröuwen *sw. v. dräuen, drohen.*
drunder *gek. aus* darunder.
dunken *sw. an. v., prät.* dûhte *scheinen, dünken, vorkommen.*
duo *s.* dô.
durch *präp. durch; wegen, um — willen; vermittelst; aus;* durch daȥ *deshalb, relativ: weshalb, weil;* durch mînen willen *meinetwegen.*
durfen *an. v. Grund, Ursache, nötig haben, brauchen.*
dürkel *adj. durchlöchert.*
durste *gek. aus* durstete *von* dürsten *sw. v. unpers. dürsten.*
duȥ *aus* du eȥ.
duȥ *st. m. Schall, Geräusch, Ton.*

ê *adv. früher, vorher; conj. auch* ê daȥ *ehe, bevor.*
ê *st. f. altherkömmliches Gewohnheitsrecht; Recht, Gesetz; Glaubensnorm, Religion.*
ebene *adv. gleichmäßig; bequem, sanft, genau.*
eberswîn *st. n. Eber.*

ecke *st. f. Spitze, Kante, Schneide.*
edele, edel *adj. noch reine Standesbezeichnung: adlig; vornehm; vorzüglich, kostbar.*
eigen *adj. eigen; leibeigen.*
eigendiu *st. f. leibeigene Dienerin.*
eigenman *st. m. leibeigener Dienstmann, Höriger.*
eime *gek. aus* eineme *dat. m. n. zu* ein.
ein *card. ein; unbestimmtes pron. irgendwer, ein gewisser; auch hervorhebend jener.*
eine *adj. adv. allein, einsam, mit gen. ohne.*
einec *adj. einzig, allein.*
eines *adv. einmal.*
eislîch *adj. schrecklich, furchtbar.*
ellen *st. n. Kampfeifer, Kraft, Mut, Tapferkeit.*
ellende *adj. in, aus fremdem Land, fremd, verbannt.*
ellende *st. n. anderes Land, Ausland, Fremde, Verbannung.*
ellenthaft *adj. kraft-, mutvoll, mannhaft, tapfer, kühn.*
en *s.* ne.
enbern *st. v. IV mit gen. entbehren, lossein, verzichten auf.*
enbieten *st. v. II, 2 mit dat. pers. durch Boten sagen oder gebieten lassen, entbieten;* e. güetlîch *freundliche Botschaft senden.*
enbîȝen *st. v. I, 1 essend oder trinkend genießen, speisen;* enbiȝȝen sîn *gespeist haben.*
enbrinnen *st. v. III, 1 in Brand geraten, in hellen Flammen stehn.*
ende *st. n. m. Ende, Ziel; Richtung, Seite; Beziehung, Art und Weise;* in allen enden *auf allen Seiten;* ein ende geben *vollständig angeben, berichten;* an dem ende *zuletzt;* an ein ende *vollständig;* an ein e. bringen *zu Ende bringen, durchführen;* an ein e. komen *mit gen. vollständig erfahren, aufklären;* viern enden *an vier Ecken;* ze ende *vollständig, ausführlich.*
en *aus* in *geschwächt s.* enhant, entriuwen *oder* enwâge.
engân *an. v. entgehen, entkommen, entrinnen.*
engelten *st. v. III, 2 mit gen. büßen müssen für, Nachteil haben von, zu Schaden kommen durch.*
engegene *adv. entgegen.*
engieȝen *st. v. II, 2 ausgießen, über die Ufer treten.*
enhant, enhende *adv. in der Hand.*
enhein *s.* nehein.
enphâhen, -phân *red. v. aufnehmen, empfangen.*
enpfüeren *sw. v. entziehen; eidlich entkräften, für unwahr erklären.*
ensamt *adv. zusammen.*
entriuwen *adv. traun, in Wahrheit, wahrlich, sicherlich.*
entslâfen *red. v. ein-, entschlafen.*
entslieȝen *st. v. II, 2 aufschließen.*
entsweben *sw. v. anwehen; einschläfern.*
entwâfenen *sw. v. von Waffen entblößen, der W. berauben.*

enwâge *s.* wâge.
enzît *adv. bald, beizeiten.*
erarnen *sw. v. ernten, verdienen, büßen.*
erbarmen *sw. v. bemitleiden, erbarmen, rühren.*
erbe *st. n. Erbteil, pl. ererbte Länder und Schätze.*
erbeiten *sw. v. mit gen. erwarten, warten auf.*
erbeiȝen *sw. v. (das Pferd grasen lassen) absteigen, absitzen.*
erbern *st. v. IV hervorbringen, gebären.*
erbiten *st. v. I, 1 mit gen. warten, erwarten.*
erborn *part. von* erbern.
erbunnen *part. zu* erbunnen *an. v. mit dat. pers. und gen. sa. beneiden, mißgönnen; wegnehmen, berauben.*
erbürn *sw. v. er-, aufheben.*
erdieȝen *st. v. II, 2 erschallen, ertosen, widerhallen; aufbrüllen, laut rufen.*
erdürsten *sw. v. verdursten.*
ergân, -gên *an. v. ergehen, geschehen; aus-, zu Ende gehn; unpers. mit dat. pers. ausschlagen.*
ergetzen *sw. v., prät.* ergazte *mit gen. vergessen machen, entschädigen.*
erheben *st. v. VI auf-, in die Höhe heben; anheben, beginnen; mit erhabener Arbeit verzieren; refl. sich aufmachen.*
erhellen *st. v. III, 2 intr. ertönen, erschallen.*
erhœren *sw. v. hörend wahrnehmen, hören.*
erkennen *sw. v. (genau) kennen, kennenlernen, erfahren* — mir wirt erkant *mir wird kundgetan, ich lerne kennen.*
erkrimmen *st. v. III, 1 zerkrallen, -kratzen, -fleischen.*
erküelen *sw. v. kühl machen, abkühlen.*
erkuolen *sw. v. kühl werden.*
erlâȝen, -lân *red. v. mit acc. und gen. erlassen, überheben, verschonen.*
erlûte *prät. von* erliuten *sw. v. laut werden, einen Laut von sich geben.*
erloufen *red. v. tr. laufend einholen, rennend erreichen.*
ermorderôt *part. zu altem* ermorderôn, *gewöhnlich* ermorden *o. ä. sw. v. ermorden.*
ern *gek. aus* er ne *oder* er in.
ernern *sw. v. gesund machen, retten.*
erniuwen *sw. v. erneuern;* erniuwet *part. immer von neuem*
errechen *st. v. IV vollständig rächen.*
erringen *st. v. III, 1 mit Mühe zu Ende führen, erringen, siegreich bestehen.*
errîten *st. v. I, 1 tr. reitend einholen.*
erschrahte *prät. von* erschrecken.
erschrîen *st. v. I, 2 aufschreien.*
ersehen *st. v. V sehend wahrnehmen, betrachten, erblicken.*
ersprengen *sw. v. springen machen; aufjagen, -stöbern.*
êrste *adv. zum ersten Mal, zuerst, erst, erst recht.*
ersterben *st. v. III, 2 sterben, umkommen.*

ertoben *sw. v. rasend werden, von Sinnen kommen;* des muotes e. *in Kampfwut verfallen.*

ertrüeben *sw. v. trübe machen; betrüben.*

ertwingen *st. v. III, 1 bezwingen, zwingen;* e. an *einem etwas abringen, abzwingen.*

ervellen *sw. v. zu Fall bringen, erlegen.*

ervinden *st. v. III, 1 merken, bemerken, feststellen, erfahren, erraten.*

erwegen *st. v. V emporheben, -schwingen.*

erwegen *sw. v. in Bewegung setzen, erregen.*

erweinen *sw. v. zum Weinen bringen.*

erweln *sw. v. erwählen.*

erwenden *sw. v. rückgängig machen; zurück-, abwenden; mit gen. abbringen von.*

erwern *sw. v. verteidigen, behaupten, abwehren, verhindern.*

erwigen *part. zu* erwîhen.

erwîhen *st. v. I, 2 schwächen, ermatten, erschöpfen.*

erwinden *st. v. III, 1 zurück-, umkehren; mit gen. sich abwenden, ablassen, aufhören.*

erziugen *sw. v. erzeugen, aufbringen; durch Zeugnis erhärten, bezeugen, beweisen.*

erzürnen *sw. v. tr. in Zorn versetzen; intr. zornig werden.*

es *gen. von* er *und* eȥ, *angelehnt* s.

et *gek. aus* eht *nur, auch, doch, eben, eben doch.*

ete-, eteslîch *pron. adj. irgendein, irgendwelch, manch, allerhand, pl. einige, manche.*

ete-, etwer *pron. subst. jemand, irgend jemand.*

f *s.* v.

gâch *adj. schnell, plötzlich, eilig;* mir ist, wirt g. *ich habe es eilig, strebe mit Eifer fort;* lât iu niht ze g. sîn *übereilt euch nicht.*

gadem *st. n. Gemach; Stockwerk.*

gâhen *sw. v. intr. (mit gen.) eilen (mit), schnell laufen.*

gâhes *adv. hastig, eilig, plötzlich.*

gämelich *adj. lustig, spaßhaft, ausgelassen.*

gan *s.* gunnen.

gân, gên *an. v. gehen, kommen; frei laufen, weiden; sich begeben, auftreten.*

gar *adj. bereitgemacht, gefertigt, gerüstet; bereit.*

gar *adv. vollständig, ganz und gar.*

garte *gek. aus* garwete *zu* garwen *sw. v. bereiten, rüsten.*

gast *st. m. Fremder, Gast, fremder, feindlicher Krieger.*

ge- *tritt vor Verben, um die Verstärkung oder den Abschluß der Handlung zu bezeichnen; oft wandelt es die Bedeutung unübersetzbar wenig, z. B. beim Infinitiv nach Hilfsverben.*

gebærde *st. f. Aussehen, Benehmen, Haltung.*

gebære *st. f. Benehmen, Haltung, Gebärde.*
gebâren *sw. v. sich gebärden, sich benehmen, sich verhalten.*
gebrast *prät. von* gebresten.
gebrechen *st. v. V intr. brechen, mit Gewalt dringen.*
gebreste *sw. m. Mangel, Gebrechen.*
gebresten *st. v. IV mit gen. oder* an *gebrechen, mangeln, fehlen, mißglücken.*
gebrieven *sw. v. niederschreiben, urkundlich niederlegen.*
gedâhte *prät. zu* gedenken.
gedenken *sw. v. denken, gedenken, sich erinnern.*
gedienen *s.* dienen.
gedinge *sw. m. Gedanke, Hoffnung, Zuversicht.*
gedranc *st. m. Drängen, Gedränge.*
gedûhte *prät. von* gedunken.
gedunken *sw. v. scheinen, dünken.*
gegen *gek. zu* gein, gên, *präp. mit dat. hin, zu, nach; entgegen, gegenüber; so viel als, im Werte von, um.*
gehaben *sw. v. behalten;* ûf g. *mit gen. innehalten; haben, besitzen; refl. sich befinden (und benehmen).*
gehaȝ *adj. hassend, feind.*
geheiȝ *st. m. Befehl, Versprechung, Verheißung.*
gehilze *st. n. Schwertgriff, Heft.*
gehît *part. zu* hîen.
gehœren *s.* hœren.
gehünde *st. n. Hunde, Meute.*
gein *s.* gegen.
geitewîȝet *part. zu* itewîȝen.
gekleit *part. zu* klagen *oder* kleiden.
gelæȝe *st. n. Benehmen, Gebaren.*
gelegen sîn *daniederliegen.*
geleite *sw. m. Führer.*
gelf *st. m. Lärm, Übermut.*
gelîch *adj. von übereinstimmender Art, gleich; mit gen. eines pron. der einem gleich, ähnlich ist* (iuwer g. *Euresgleichen*).
gelîche, gelîch *adv. gleich, gleichermaßen, auf gleiche Weise.*
geligen *st. v. V liegen, ruhen, aufhören.*
gelônen *sw. v. mit. dat. pers. und gen. sa. belohnen für, heimzahlen.*
gelouben *sw. v. glauben; refl. mit gen. ablassen, abstehn von, verzichten auf.*
gelt *st. m. Bezahlung, Vergeltung, Ersatz.*
gelten *st. v. III, 2 zurückzahlen, -erstatten, vergelten, zahlen, bezahlen.*
gemach *st. m. n. Ruhe, Bequemlichkeit; Ort der Ruhe, Zimmer.*
gemeine *adj. gemeinsam, allgemein; alle umfassend, gesamt.*
gemeine *adv. gemeinsam, allgemein; zusammen, insgesamt, sämtlich.*
gemeit *adj. froh, freudig; wacker, tüchtig; lieblich.*
gemuot *adj. gestimmt, gesinnt.*
gên *s.* gegen *oder* gân.
genâde *st. f. Ruhe, Glück, Freude; Gunst, Gnade* (ûf g. *im Vertrauen auf Wohlwollen;* vil michel iuwer g. *zu viel*

Ehre von Euch); *Erbarmen; Dank.*

genâden *sw. v. gnädig sein, Gnade erweisen.*

genemen *st. v. IV verstärktes* nemen.

genennen *sw. v.* swert g. *Fachausdruck für die Schwertleite.*

genennen *sw. v. verstärktes* nennen.

genesen *st. v. V gesunden, am Leben bleiben, mit dem Leben davonkommen; sich wohl befinden.*

genieȥen *st. v. II, 2 mit gen. Nutzen, Freude haben von; Jägersprache: erlegtes Wild fressen (und so scharf werden).*

genôte *adv. enge, dringlich; eifrig, sehr, dicht.*

genœte *adj. mit gen. eifrig bedacht auf.*

genôȥ *st. m. Genosse, Gefährte; mit gen. gleich an.*

genuoc *adj. und daher auch pl. genug, manch, viel; unflektiertes n. mit gen. hinreichend große Menge von; adv. vor oder hinter adj. genug, tief, sehr.*

gêr, gêre *st. sw. m. Wurfspieß; keilförmiges Stück; Schoß am Kleide.*

gereht *adj. mit gen. oder* ze *gerade; recht; geschickt und bereit.*

gereite *st. n. Reitzeug, Ausrüstung des Pferdes.*

gerihten *sw. v. regieren, richten, in die rechte Richtung bringen;* widere g. *zurücklenken.*

gern *sw. v. mit gen. oder acc. sa. oder pers., mit* an, von, ze *begehren, verlangen.*

gerne *adv. begierig und mit Freude, bereitwillig, gern;* gerner *lieber.*

gêrstange *sw. f. der hölzerne Speerschaft.*

gerou, -wen *prät. von* geriuwen *st. v. II, 1 in Betrübnis versetzen, verdrießen.*

gerûmen *s.* rûmen.

geruochen *sw. v. intr. mit gen. oder inf. den Sinn richten, Rücksicht nehmen auf, sich kümmern um.*

geselleclîche *adv. in, zur Gesellschaft.*

gesellen *sw. v. refl. sich paaren, sich paarweise zusammentun.*

gesihene *st. n. Sehvermögen, Anblick, Gesicht, Aussehen.*

gesinde *sw. m. Genosse, Gefolgsmann, Dienstmann.*

gesitzen *st. v. V verstärktes* sitzen: *sich setzen.*

gestalt *adj. part. von* stellen *sw. v.: aussehend, beschaffen.*

gestân *st. v. intr. stehn, absteigen, stehen bleiben, stille stehn; bleiben, sein; mit dat. pers., gen. sa. beistehn, schützen, beitreten; tr. stehend aushalten.*

gesteine *st. n. Edelsteine, Schmuck daraus.*

gesteinet *part. adj. mit Edelsteinen geschmückt.*

gestraht *part. zu* strecken.

gestreut *st. n. des part. Gestreutes; die über ein Gewand hin und wieder gesetzten Zieraten.*

gestrîten *st. v. I, 1 mit dat. kämpfen, es aufnehmen mit.*
geswarn *part. zu* swern.
geswîchen *st. v. I, 1 mit dat. schwinden, im Stiche lassen.*
getân *part. adj. gestaltet, beschaffen.*
getar, getorste *s.* turren.
getragen *st. v. VI tragen, auftragen.*
getriulîche *adv. in getreuer, anständiger Gesinnung.*
getriuwe *adj. treu, redlich, wohlmeinend.*
getrûwen *sw. v. mit dat. pers., acc. sa. glauben, trauen, zutrauen.*
geturren *s.* turren.
getwerc *st. n. m. Zwerg.*
gevâhen *red. v. fassen, erfassen, ergreifen.*
gevelle *st. n. Fall, Sturz, abschüssiges Tal; durch umgestürzte Bäume unwegsamer Ort.*
gevolgen *sw. v. mit dat. pers., acc. sa. folgen, verfolgen; nachfolgen, nachgeben.*
gevriden *sw. v. beschirmen, beschützen.*
gevriesch *s.* vreischen.
gevüegen *sw. v. zusammenfügen. mit dat. pers. zufallen lassen, zufügen.*
gevügele *st. n. Vögel, Geflügel.*
gewarnôt *part. mit altem Vollvokal neben* gewarnet *von* warnen.
gewæte *st. n. collectivum zu* wât *Kleidung, Rüstung.*
gewegen *st. v. V Gewicht haben; das Gegengewicht halten.*
gewerren *st. v. III, 2 intr. mit dat. stören, hindern, schaden.*
gewinnen *st. v. III, 1 erwerben, erreichen, herbeischaffen, -holen; für sich gewinnen; in die Gewalt bekommen, bezwingen; abs. gewinnen, siegen.*
gewiȥȥen *part. adj. bewußt, bekannt;* mir ist g. umb *ich habe Kenntnis von.*
gewonlîch *adj. gewohnt, üblich.*
geworht *part. von* würken.
gewürhte *st. n. gewirkte Arbeit, Werk, Bau, Gewebe.*
gezemen *st. v. IV geziemen, angemessen sein, zukommen, gefallen.*
geziuc *st. m. Zeuge.*
gezogenlîche *adv. anständig, fein gebildet.*
gie, gienc *prät. von* gân.
gieȥen *st. v. II, 2 tr. gießen; intr. sich ergießen, strömen.*
gihe, giht *präs. von* jehen.
gîst, gît *aus* gibest, gibet *von* geben.
gîstu *aus* gîst dû.
glanz *adj. hell, glänzend.*
goltvar *adj.,* -wes *goldfarbig, wie golden.*
gotes arm *von Gott verlassen, ganz arm.*
gouch *st. m. Kuckuck; Bastard.*
goume *st. f. prüfendes Aufmerken;* g. nemen *mit gen. sorgen für.*
gremelîch *adj.,* -lîche *adv. grimmig, wild, erzürnt.*
grîfen *st. v. I, 1 greifen, ergreifen, fassen.*
grimme *adj. zornig, wild, schrecklich.*

grimmeclîche *adv. zornig, wild; gewaltig, sehr.*
grîs *adj. grau.*
grôʒe *adv. dick, stark, mächtig, sehr.*
grœʒlîch *adj. groß.*
grœʒlîche, -en *adv. sehr, aufs höchste, mächtig, außerordentlich.*
guot: eʒ g. tuon *tapfer kämpfen.*

haben, hân *sw. v. halten, behalten, besitzen, haben;* ze êren h. *ehrenvoll behandeln; als Hilfsverb des Perf. usw.*
hâhen *red. v. hängen.*
halpful *st. n. halberwachsenes Wildschwein.*
halsperc *st. m.*, -berge *st. f. Kettenpanzer.*
halt *adv. mehr; in Konzessivsätzen: auch immer.*
hân, ich *präs. ind. von* hân, haben.
handeln *sw. v. berühren, vollbringen; behandeln, bewirten.*
hant *st. f. Hand; Art; -lei (z. B.* drîer hande *dreierlei;* maniger hande *mancherlei);* ze sînen handen *in seinen Händen, seiner Macht;* helt zer hant, zen handen *tapferer, tatkräftiger Held.*
härmîn *adj. aus Hermelin.*
harnaschvar *adj. vom Harnisch gefärbt, schmutzig.*
harte *adv. höchst, sehr, gar.*
heben *st. v. VI tr. heben, erheben, anfangen; refl. sich erheben, aufmachen, sich in Bewegung setzen.*
heil *st. n. Gesundheit, Glück.*
heilectuom *st. n. Heiligtum, Reliquie, Kirchengerät.*
heinlîche *st. f. Heimat, Vertraulichkeit.*
heinlîche *adv. vertraulich.*
helet, helt *st. m. Held.*
helfe *st. f. Hilfe, Beistand; Helfer.*
helflîch *adj. helfend, hilfreich.*
helmbant *st. n. Schnur zur Befestigung des Helmes an der Rüstung, Kinnriemen, Spangen über dem Helm.*
helmgespan *st. n. die Helmspangen.*
helmklanc *st. m. Erklingen der Helme.*
helmvaʒ *st. n. Helmgefäß. Helm.*
heln *st. v. IV, prät.* hal *geheimhalten, verhehlen. verbergen.*
hende *gen., dat. und pl. von* hant.
her, here *adv. her, hierher* — her vür gân *vortreten.*
hêr *adj. froh, freudig.*
herbergen *sw. v. intr. unterbringen, Lager aufschlagen, Herberge, Aufenthalt nehmen, sich niederlassen; tr. beherbergen.*
hergeselle *sw. m. Kriegs-, ritterlicher Gefährte; Gefährte, Reisegenosse.*
hêrlîch *adj.*, -lîchen *adv. vornehm, ausgezeichnet, stattlich, ehrenvoll.*
hêrschaft *st. f. Herrenwürde, Macht, Herrlichkeit.*
herte *adj. hart, fest, ausdauernd, hartnäckig, drückend, schwer.*
herte *st. f. Härte, dichtestes Kampfgedränge, harter Kampf — Schulterblatt.*

herverten *sw. v. eine Heerfahrt unternehmen.*
herzenjâmer *st. m. Herzeleid.*
herzenleide *adv. herzlich leid, tief zu leide.*
herzenleit *adj. leid im Herzen, aus leidvollem Herzen kommend.*
herzenlîch *adj.*, -lîche *adv. von Herzen kommend, herzlich.*
herzensêr *st. n.*, -sêre *st. f. tiefer Schmerz, Herzeleid.*
herzenvîent *st. m. Todfeind.*
hetes *aus* hete si.
hie *prät. zu* hâhen.
hîen *sw. v. heiraten, sich verheiraten.*
hil *imperativ zu* heln.
hin, hine *adv. fort, von hinnen, hin;* hin fort *(von) hinnen;* hin widere *zurück.*
hînaht, hînte, hînt *adv. heute oder gestern.*
hinde *sw. f. Hirschkuh.*
hinne *aus* hie inne *hier innen.*
hinnen *adv. von hier fort, von hinnen.*
hînt, hînte *s.* hînaht.
hîrât *st. m. f. Heirat, Vermählung.*
hirȥ *st. m. Hirsch.*
hiu, hiuwen *prät. von* houwen.
hôchgemuot *adj. hoch und freudig gestimmt.*
hôchgezît, hôchzît *st. f. n. hohes kirchliches, weltliches Fest.*
hof *st. m. Hof, Aufenthaltsort des Fürsten, Burg, Schloß; der Fürst mit seiner vornehmen Umgebung.*
höfschen *s.* höveschen.
hôhe *adv. hoch, stark, laut; in vornehmer Weise; überaus, sehr;* h. stân *teuer zu stehn kommen* — hôher *comparativ, auch* ûf hôher *höher, weiter weg, zurück;* hôher ûf stân *zurücktreten;* hôheste *sup.*
hôh- *s.* hôch-.
hôhen *sw. v. hoch werden, sein; stolz, freudig werden.*
hœhen *sw. v. erhöhen, erheben, freudig erregen.*
holn *sw. v. berufen, herbeibringen, holen.*
holt *adj. gewogen, freundlich, liebend; treu, dienstbar;* holden hân *sich gewogen machen, liebhaben.*
hœnen *sw. v. entehren, beschimpfen.*
hort, -des *st. m. Schatz, Hort.*
houwen *red. v. hauen, stechen.*
hovemære *st. n. was man sich am Hof erzählt.*
hovereise, hovevart *st. f. Reise, Fahrt an den Hof.*
höveschen, höfschen *sw. v. sich höfisch unterhalten, den Hof machen, hofieren.*
hüeten *sw. v. mit gen. achthaben, beobachten, behüten, bewachen, wachen, Aufsicht führen;* sîn selbes h. *sich selbst schützen, auf sich selbst angewiesen sein.*
hulft *st. f. Decke, Hülle, Überzug.*
huote *prät. von* hüeten.
huote *st. f. Aufsicht; Bewachung, Wache, Behütung.*
hurnîn *adj. von Horn, hörnen.*
hurt *st. m.*, hurte *st. f. Stoß, Anprall, stoßendes Losrennen.*
hût *st. f., pl.* hiute *Fell, Haut.*

ie *adv. immer;* ie her *je bisher.*
iedoch *adv. doch, dennoch.*
iemen *pron. subst. jemand; nach der conj.* daȝ *für* niemen.
ieslîch, ietslîch *pron. adj. jeder, jeder einzelne.*
ietweder *pron. adj. jeder von beiden.*
ihs *aus* ich si *oder* ich des.
iht, ihtes *st. n. pron. subst. irgendein Ding, etwas, oft mit gen.; acc. adv. irgend, etwa; nach der conj.* daȝ *für* niht.
im *dat. m. n. von* er, *auch refl.*
ime *aus* in deme.
immer, iemer *adv. jederzeit, immer; nach der conj.* daȝ *für* nimmer.
in *ihn oder ihnen.*
inder *adv. irgendwo, irgend.*
ine *aus* ich ne.
ingesinde *st. n. Dienerschaft, Gefolge.*
inne, -en bringen *mit acc. pers. und gen. sa. überzeugen, innewerden lassen.*
inneclîchen *adv. im Innern, Herzen.*
innerthalben *adv. im Innern, inwendig.*
inre *gek. aus* innere *adv., präp. mit dat. innerhalb, binnen.*
inȝ *aus* in eȝ.
ir *gen., dat. sgl. f. oder gen. pl. von* er.
iteniuwe *adj. wieder, ganz neu.*
itewîȝ *st. m. n.,* -wîȝe *st. f. Vorwurf.*
itewîȝen *sw. v. Vorwürfe, zum Vorwurf machen, vorwerfen.*
iu *dat. pl. euch.*
iuch, iuh *acc. pl. euch.*
iuwer, iwer *euer.*
iȝ *es*

jâ *interj. ja; fürwahr;* jârâjâ *verstärktes ja.*
jach, jâhen *s.* jehen.
jaget, jeget *st. n. Jagd, Jagdbeute.*
jârâjâ *s.* jâ.
jaspes *st. m. Jaspis, Edelstein.*
jegede *st. n. Jagd.*
jehen *st. v. V mit gen. sa. sagen, behaupten, bekennen; mit dat. und gen. zugestehn, zusprechen* (des besten *den Preis, ohne gen. den Sieg zuerkennen*); j. ze *erklären für.*
junc *adj., superl.* jungest *letzter, jüngster;* ze jungest *zuletzt;* unz an daȝ jungeste *bis zum jüngsten Tag.*
juncvrouwe *sw. f. junge Herrin, Edelfräulein, Jungfrau.*

kamerære *st. m. Kämmerer, Verwalter der Schatz-, Vorrats- und Waffenkammer (Hofamt); auch Diener im Haus; Türhüter.*
kamere *sw. f. Schlafgemach, Schatzkammer.*
kanzwagen *st. m. Rüstwagen, Lastwagen.*
kapfen *sw. v. schauen, gaffen.*
kappe *sw. f. mantelartiges Kleid mit Kapuze.*
kappelsoum *st. m. Gepäck mit gottesdienstlichem Gerät.*
kebse *sw. f. Kebsweib.*
kebsen *sw. v. zum Kebsweib machen.*

kein *gek. aus* dehein *adj. zahlpron. irgendeiner; keiner.*
kemenâte *sw. f. Gemach mit Feuerstätte, Schlaf-, Frauengemach.*
kiesen *st. v. II, 2 prüfen, wählen; sehen, erblicken; merken; erwählen;* k. lâȝen *zeigen.*
kindel, kindelîn *st. n. Kindlein; Jüngling, Jungfrau; Knappe;* von kinde *von Kind auf.*
klagen *sw. v. intr. oder tr. klagen, sich beklagen.*
klanc *prät. von* klingen.
kleine *adj. rein, fein, zierlich; adv. fein, genau, sorgfältig; wenig, gar nicht.*
kleit *pl. neben* kleider *zu* kleit *st. n. Kleid, Kleidung, auch Ritterkleidung.*
klenken *sw. v. klingen machen, anschlagen.*
klingen *st. v. III, 1 klingen, tönen, erklingen, erschallen.*
kneht *st. m. Knabe, Jüngling; Krieger, Held; Knappe.*
knopf *st. m. Knopf, Knauf.*
kochære, kocher *st. m. Gefäß, Behälter, Köcher.*
kol *sw. st. m., st. n. Kohle.*
kolter *st. m. Steppdecke.*
kom, kômen *prät.,* komen *part. prät. zu* komen.
kôs *prät. zu* kiesen.
koste *st. f. Wert, Preis einer Sache, Aufwand, Kosten.*
koufen *sw. v. gewinnen, verdienen, erhandeln, erwerben.*
kraft *st. f. Kraft, Gewalt; Macht, Menge, Machtfülle.*
kreftic *adj. kräftig, stark, gewaltig, groß; zahlreich.*
kriuze *st. n. Kreuz.*
kuchen, kuche *st. f. Küche.*
kuchenmeister *st. m. Hofkoch (Hofamt).*
kûme *adv. mit Mühe, kaum, nicht.*
kumt, er *präs. ind. von* komen.
kunde *prät. von* kunnen *an. v. geistig vermögen, wissen, verstehn, können, imstande sein.*
kunde *sw. m. Bekannter, Einheimischer.*
künde *adj. bekannt, kund.*
künde *st. f. Kenntnis, Bekanntschaft;* k. tuon *bekannt machen.*
kündec *adj. bekannt.*
künegin, -inne *st. f. Königin.*
künne *st. n. Geschlecht, Familie, Verwandtschaft.*
kunt *adj. kennengelernt, bekannt geworden.*
küntlîch *adj. kund, verständlich, deutlich,* -lîche *adv. deutlich, genau.*
kurzewîle *st. f. Zeitkürzung, Unterhaltung.*
kurzwîlen *sw. v. die Zeit verkürzen, sich unterhalten, vergnügen.*

lade *st. f. Lade, Behälter, Kasten, Truhe.*
läger *st. n. Lager.*
lân *s.* lâȝen.
lancræche *adj. zäh in der Rache, unversöhnlich.*
lære *adj. leer, ledig.*
lât, er *und* ir *präs. von* lân *s.* lâȝen.
lâȝen, lân *red. v. abs. unter-, freilassen, lösen; tr. ent-, los-*

lassen; zurücklassen, aufgeben, verlassen; zulassen; mit dat. überlassen, anvertraun, verschaffen; eȥ güetlîcher lân *es freundlicher ausgehn lassen;* einen vor einem l. *den Vorzug geben vor; refl. mit gen. und* an *sich auf einen verlassen in.*

ledeclîche *adv. frei, ohne Hindernis, Zwang.*

legen *sw. v. legen; unterbringen, einquartieren; refl. sich legen, lagern; sich beruhigen.*

leich *st. m. Tonstück, Gesang aus ungleichen Strophen, epischer Gesang zur Harfe.*

leide *adv. betrübend, leidvoll, unheilverkündend.*

leide *st. f.* s. leit *st. n.*

leiden *sw. v. leid, verhaßt machen, verleiden; leid sein, zuwider sein.*

leider *comp. zu* leit.

leinen *sw. v. tr. und intr. lehnen, sich lehnen, aufstützen (mit* an).

leiste *gek. aus* leistete *prät. von* leisten.

leisten *sw. v. ausführen, befolgen, tun.*

leit *adj. betrübend, leid, schmerzlich, widerwärtig, verhaßt.*

leit *st. n. Schmerz, Sorge, Beleidigung, Entehrung.*

leite *prät. von* legen *und* leiten.

leitlîch *adj. leidvoll, schmerzlich, betrübend.*

lest *superlativ von* laȥ *(adj. matt, träge) letzter.*

lewe *sw. m. Löwe.*

lie *prät. von* lâȥen, lân.

liebe *st. f. Wohlgefallen, Freude;* durch — liebe *mit gen. um — willen; auch* durch mîne l. *mir zulieb.*

liebe *adv. mit Lust, Freude, angenehm.*

lieben *sw. v. lieb, erfreulich, angenehm sein oder werden, gefallen.*

lieber *comp. zu* liep; *auch gek. aus* lieberere (zît *acc.*).

liegen *st. v. II, 1 lügen, erlügen.*

lieht *adj. hell, strahlend, leuchtend, glänzend;* liehte *adv.*

liep *adj. angenehm, erfreulich, freundlich.*

ligen *st. v. V liegen;* gelîche l. *in gleichem Gewicht liegen, gleich stehen, aufwiegen;* ist gelegen *hat sich gelegt, liegt darnieder.*

lîhen *st. v. II, 2 leihen, verleihen, als Lehen geben.*

lîhte *adj. leicht, leichtfertig, gering, geringfügig, leichten Kaufes.*

lîhte *adv. leicht, leichten Kaufes; vielleicht.*

lintrache (*aus* lint-trache) *sw. m. Lindwurm, fabelhaftes Tier, halb Drache, halb Schlange* (lint).

lîp *st. m. Leben; Leib, Körper; häufig für die Person, bes. umschreibend mit gen. oder pron. poss.*

lîst *aus* ligest *von* ligen.

list *st. m. f. Weisheit, Klugheit; Wissenschaft, Kunst; List.*

lîste *sw. f. Leiste, Borte, Saum, Besatz.*

lît *aus* liget *von* ligen.

liuge *präs. von* liegen.

liuhten *sw. v. prät.* lûhte *leuchten.*
liut *st. m. n. Volk, pl. Leute, Menschen.*
liuten *sw. v. läuten.*
lobebære *adj. lobenswert, ruhmwürdig.*
lobelîch *adj. löblich, preiswert, feierlich.*
loben *sw. v. loben, preisen; geloben; versprechen; einwilligen.*
lobesam *adj. wie* lobelîch.
lohen *sw. v. flammen, leuchten.*
losen *sw. v. lauschen, horchen.*
lougen *sw. v. flammen, lohen.*
lougenen, lougen *sw. v. abs. oder mit gen. leugnen, verleugnen; verneinen, widerrufen; subst. Ablehnung, Widerruf; Verneinung;* âne l. *unleugbar, gewiß;* l. haben *abstreiten.*
lougenlîche *adv. leugnend, lügnerisch.*
ludem *st. m. Rufen, Geschrei, Lärm.*
ludem *st. m. oder n. unbekanntes Tier, vielleicht Fischotter.*
luft *st. m. Luft; Luftzug, Wind.*
lûhte *prät. von* liuhten.
lûte *aus* lûtete *prät. von* liuten.
lûte *adv. zu* lût *adj. helltönend, laut.*
lûten *sw. v. intr. einen Laut von sich geben, ertönen, tönen.*
lûter *adj. hell, rein, klar, lauter.*
lûtertranc *st. m. über Kräutern und Gewürzen abgeklärter Wein.*
lützel *adj. klein, gering, wenig — neutrales substantiv mit gen. wenig, wenige, kein — adv. nicht, nie.*

mâc *st. m. Blutsverwandter in der Seitenlinie.*
mage-, mägedin *st. n. Jungfrau, Mädchen; Dienerin, Magd.*
magetuom *st. m. Jungfrauschaft.*
magezoge *sw. m. Erzieher.*
magtlîch *adj. jungfräulich, jugendlich unberührt.*
mahte *prät. von* mugen.
mahtu *aus* maht du.
mâl *st. n. Zeichen, Merkmal; Schmuck, Zierat.*
man *sgl. und pl. unflektiert oder* mannes... *Mensch, tüchtiger Mann, tapferer Kriegsmann, Lehnsmann, Vasall.*
mâne *sw. m. Mond.*
manec, ic, *pl. n. auch* manigiu, menegiu *adj. viel, manch, vielfach.*
manen *sw. v. mit acc. pers. und gen. sa. erinnern an, ermahnen, antreiben.*
marc *st. n. Streitroß.*
marc, marke *st. f. Grenze, Grenzland; abgegrenzter Landteil, Bezirk, Gebiet.*
marcgrâve *sw. m. königl. Richter und Verwalter eines Grenzlandes, Markgraf.* [*rüchtigt.*
mære *adj. bekannt; berühmt, be-*
mære *st. n., häufig im pl. Kunde, Nachricht, Bericht, Erzählung; Gegenstand der Erzählung, Geschichte; Sache, Ding;* m. vrâgen *Bescheid verlangen.*

marmelstein *st. n. Marmor.*
marschalch, lc *st. m. Stallmeister, Aufseher über Gesinde, Marschall (Hofamt).*
matraȝ *st. n. mit Wolle gefüttertes Ruhebett.*
maȝ *st. n. Speise, Mahl.*
mâȝe *st. f. Maß; Angemessenheit; Art und Weise;* âne m. *unermeßlich, gewaltig.*
mæȝlîche, -en *adv. mit Maß, nicht sehr; ironisch: nicht.*
mê *s.* mêr.
mein *st. m. n. Falschheit, Unrecht, Frevel.*
meinen *sw. v. sinnen, denken; im Sinne haben, bezwecken; zielen auf, bedeuten.*
meinrât *st. m. falscher Rat, Verrat.*
meinræte *adj. verräterisch, hinterlistig.*
meiste *adv. am meisten, meistens.*
melden *sw. v. angeben, verraten.*
menec, menegiu *s.* manec.
menege, menige *st. f. Vielheit, Menge, Schar.*
mêre, mêr, mê *comp. zu* vil *größer, bedeutender, mehr; n. mit gen. mehr — adv. mehr; außerdem; ferner, fortan; sonst.*
merwîp *st. n. Meerweib, dämonisches Wasserwesen.*
messe *st. f. Metallklumpen; Eisenmasse von bestimmtem Gewicht.*
met *st. m. Met, Rauschtrank aus gegorenem Honig.*
mettîne *st. f. Frühmesse.*
michel *adj. groß; adv. sehr.*
mîden *st. v. I, 1 vermeiden, lassen, unterlassen; refl. mit gen. sich enthalten, unterlassen.*
miete *st. f. Lohn, Entgelt.*
milte *adj. freundlich, gütig; freigebig.*
milte *st. f. Freundlichkeit; Liebe; Freigebigkeit.*
minne *st. sw. f. freundliches Gedenken, Erinnerung;* die m. trinken *den Abschiedstrunk, das Gedächtnis der Toten tr.; Liebe, Zuneigung;* ze m. haben *liebenswert finden, liebhaben;* hôhiu m. *als höfisches Minnedenken: Liebe zu einer Dame; geschlechtliche Liebe.*
minneclîch *adj. lieblich, liebenswert, liebevoll.*
minner, minre *comp. zu* min *(adv. weniger) adj. kleiner, geringer; n. mit gen. weniger; adv. weniger.*
missebieten *st. v. II, 2 mit dat. pers. schlecht behandeln.*
missedienen *sw. v. mit dat. schlechten Dienst leisten, beleidigen.*
missegân *an. v. übel, schlecht gehen.*
missetân *part. von* -tuon *an. v. unrecht, schlecht handeln.*
missevar *adj. von übler Farbe, entfärbt, fahl, bleich, glanzlos.*
missewende *st. f. unrechte Wendung; Makel; Untat, Schandtat.*
môraȝ *st. m. Maulbeerwein.*
mœre *oder* môre *st. m. Pferd, bes. Last-, Reisepferd.*

morgengâbe *st. f. Geschenk des Mannes an die Frau am Morgen nach dem Beilager, Vermögen der Frau und die Abfindung der Kinder.*
mortlîch *adj.*, mortlîche *adv. mörderisch, mordgierig.*
mortmeile *adj. mordbefleckt.*
mortræche *adj. sich für oder durch Mord rächend.*
müede *st. f. Müdigkeit.*
müeden *sw. v. intr.* = muoden *sw. v. müde werden, ermatten.*
müejen *sw. v. beschweren, quälen, bekümmern, verdrießen.*
müelîch *adj. beschwerlich, mühsam, lästig, kummervoll; adv. ebenso; schwerlich, kaum.*
müese, müeste *prät. conjv. von* müeȝen. [müejen.
müete *und* muote *prät. von* müeȝen *an. v. göttlich bestimmt sein, sollen; mögen, können, dürfen bes. in Wunschsätzen; müssen.*
mugen *an. v. kräftig, mächtig sein, vermögen, können, dürfen.*
muome *sw. f. Mutterschwester, Muhme, weibliche Verwandte.*
muose, muoste *prät. von* müeȝen.
muot *st. m. Sinn, Seele, Geist, Gemüt, Gesinnung;* hôher muot *freudig erhöhte Stimmung, Hochherzigkeit, Übermut; froher Mut; Begehren, Lust, Absicht* (m. haben *beabsichtigen*).
muote *prät. zu* müejen.
muoten *sw. v. mit gen. verlangen, begehren.*

n *enklitisch angehängt, gek. aus* in, *z. B.* ich bringen.
nâch *präp. mit dat. nach, hinter; um, wegen; gemäß, entsprechend.*
nâch *adv. nahe, beinahe.*
nâchslîchen *st. v. heimlich nachstellen.*
nâchsprechen *st. v. IV mit dat. pers. nachrufen.*
nâhen *adv. nahe, in der Nähe.*
nâher (*comp. zu* nâhe, -en) *näher.*
nahtsælde *st. f. Nachtquartier.*
ne, en *Negationspartikel nicht, proklitisch mit dem Verb verbunden; beigesellte*s nih*t*, niemen, niemêr *o. ä. hebt die Negierung nicht auf; mit conjv. in Nebensätzen: wofern nicht, es sei denn daß, außer daß, als daß; nach negativen Sätzen daß nicht, ohne daß, ohne zu; pleonastisch nach Verben mit negativem Sinn (des Ablassens, Hinderns, Verweigerns o. ä.).*
nehein *adj. Zahlpron. kein.*
neic *prät. von* nîgen.
neinâ (*s.* â) *nicht doch, ja nicht.*
nern *sw. v. heilen, retten, am Leben erhalten.*
nîden *st. v. I, 1 hassen, mit Mißgunst sehen, beneiden.*
nidene *adv. unten.*
nider *adv. hinunter, herunter, nieder.*
nie *adv. nie;* nie mêr, -re *nimmer, niemals, noch nie.*
niemen *unflektiert oder* niemennes… *niemand, auch mit gen.*

niender, ninder *adv. verstärktes nicht.*

niene *adv. durchaus nicht, nichts, auch mit gen.*

nîgen *st. v. I, 1 mit dat. sich neigen, beugen, verneigen vor, danken.*

niht, niwet *st. n. auch mit gen. nichts; als adv. acc. nicht.*

ninder *s.* niender.

nît *st. m. Feindschaft, Haß, Groll.*

niulîch, -e *adv. kürzlich, jüngst, ebenerst.*

niuwe *adj. neu, frisch.*

niuwemære *st. n. Neuigkeit.*

niuwesliffen *part. adj. frisch geschliffen.*

niwan *adv., conj. nichts als, nur; außer; nur nicht, ausgenommen, wäre nicht.*

niwet *Nebenform zu* niht (*aus* ni wiht).

nôt *st. f. Drangsal, Mühe, Not; Kampfnot, Kampf; Notwendigkeit;* mir gêt n. *mit gen. ich habe nötig, Ursache zu, muß.*

nôthaft *adj. leidend, bedrängt.*

nû, nu *adv. und conj. nun, jetzt; nun da, als nun, während.*

ob *präp. mit dat. über, oberhalb, auf.*

ob *conj. wenn, wenn auch, falls.*

offenlîche *adv. offenbar, unverhohlen; öffentlich; im offnen Kampf.*

ouch *conj. auch, überdies, ferner; dagegen, andrerseits.*

ouwe *st. f. Wasser, Strom;* enouwe *stromabwärts.*

ouwen *sw. v. intr. stromabwärts treiben.*

p *s. auch* b.

palas *st. n. Gebäude mit Hauptgemach.*

pantel *st. n. Panther.*

pfelle, pfellel *st. m. feiner Seidenstoff, Gewand daraus.*

pflege *st. f. Fürsorge, Obhut.*

pirsen *sw. v. jagen, pirschen.*

pirsgewant *st. n. Jagdkleid.*

pirsgewæte *st. n. Jagdkleidung.*

porte *sw. f. Pforte.*

prüeven *sw. v. nachdenken, erwägen; hervorbringen, zurechtmachen, rüsten und schmücken.*

pusûnen *sw. v. Posaune blasen.*

quâle *st. f. Marter, Qual.*

quam, *meist* kom *prät. von* komen.

queln *sw. v. plagen, quälen, martern.*

queln *st. v. IV Schmerzen leiden, sich quälen.*

rach *prät. von* rechen.

rant *st. m. Rand bes. des Schildes, Schild.*

rât *st. m. Rat, Beratung, Entschluß; Verrat, Anschlag; Zurüstung, Vorrat; Hilfe, Abhilfe; Unterlassung, Verzicht* (r. haben *mit gen. vermeiden;* des newas niht r. *war nicht zu vermeiden*).

râten *red. v. intr. und tr. raten, beraten, überdenken, anraten, planen, sinnen auf;* r. an, ûf *planen, Anschläge machen gegen.*

rechen *st. v. IV Unrecht bestrafen, rächen.*

recke *sw. m. Vertriebener, Fremdling; Krieger; Held.*

reht *st. n. Recht und Pflicht, Recht, Gericht;* r. haben *recht tun;* ze, von rehte *mit Recht, rechtsmäßig, von Rechts wegen.*

rehte *adv. gerade, zutreffend, eben; dem Recht und der Wahrheit gemäß, recht, richtig, zutreffend; genau, sehr.*

reichen *sw. v. tr. erreichen, erlangen; holen, bringen, darreichen; intr. langen, greifen nach.*

reis *prät. zu* rîsen.

reise *st. f. Aufbruch, Zug, Reise, bes. Kriegs-, Heereszug.*

reit *prät. von* rîten.

reite *aus* redete *prät. von* reden.

rîch *adj. von hoher Abkunft, vornehm, auserlesen, mächtig, gewaltig; kräftig; reichlich, groß, kostbar.*

richet, er *präs. zu* rechen.

riechen *st. v. II, 1 rauchen, dampfen.*

rihten *sw. v. gerade machen, richten, er-, ein-, anrichten, bereiten; lenken, wenden — Recht sprechen, richten.*

rinc *st. m. Ring, Kreis, Panzerring, Kampfplatz.*

ringe *adv. leicht, gering, wenig, wohlfeil.*

ringen *st. v. III, 1 intr. sich hin und her bewegen, ringen, kämpfen, sich abmühn;* r. nâch *streben.*

rise *sw. m. Riese.*

rîsen *st. v. I, 1 steigen; fallen.*

rîten *st. v. I, 1 intr. sich fortbewegen, reiten, reitend angreifen, turnieren; tr. sitzen auf, zum Reiten benutzen.*

rîter, riter *st. m. Reiter, Kämpfer, Ritter.*

riterschaft *st. f. ritterl. Brauch und Beruf, r. Leben und Tun, Kampf, Turnieren; rittl. Stand; Menge von Rittern.*

riuhe *st. f. Rauheit, Rauhwerk, Pelzwerk.*

riuwen *st. v. II, 1 betrüben, schmerzen, dauern, reuen.*

rouben *sw. v. berauben.*

rucke *st. m. Rücken;* ze r. *auf den Rücken, hinter sich, zurück.*

rücken *sw. v. schiebend fortbewegen, rücken, zücken.*

rüefen, ruofen *sw., red. intr. schreien, rufen.*

rüeren *sw. v. anstoßen, in Bewegung setzen; umstoßen; an-, berühren, treffen.*

ruhte *prät. zu* rücken.

rûmen *sw. v. räumen, verlassen;* eȝ r. *weggehn, weiterziehn.*

rûnen *sw. v. heimlich und leise reden, beraten, raunen.*

ruochen *sw. v. mit gen. oder* umbe *sich kümmern um, begehren; mit inf. wollen, mögen, geruhen.*

ruofte *prät. von* rüefen.

ruore *st. f. das Loslassen der Hunde; Meute.*

ruowe *st. f. Ruhe.*

ruowen *sw. v. ruhen, ausruhen.*

s *enklitisch angehängt, gek. aus* des *oder* es, *gen. sgl. von* er *oder* eȝ, *oder* si.

sâ, *nbf.* sân *adv. gleich darauf, alsbald.*

sahs *st. n. langes Messer, kurzes Schwert; die eiserne Pfeilspitze.*

sal, salwes *adj. dunkelfarbig, trübe, schmutzig.*

sælde *st. f. Güte; Segen, Heil, Glück.*

sælic *adj. voll Glück und Heil, glücklich, gesegnet.*

sam *adv. ebenso, betontes so; so wie, gleich wie; conj.: wie, wie wenn, als ob* (*auch* sam ob).

sampfte, sanfte *adv. leicht, langsam, leise, sachte, ruhig; bequem, angenehm, behaglich, wohl;* sanfter *comp. besser, lieber.*

sân *s.* sâ.

sazte *prät. von* setzen.

schâchære *st. m. Räuber.*

schâchen *sw. v. auf Raub ausgehn, rauben.*

schaffen *st. v. VI erschaffen; schaffen, gestalten; tun, machen, bewirken, einrichten, besorgen, bestimmen.*

schaft *st. m. Lanzenschaft, Lanze.*

schal *st. m. Schall, Getöse, Lärm, bes. Freudenlärm bei ritterlichen Festen.*

schalte *sw. f. Ruderstange zum Fortstoßen des Schiffes.*

schamel *st. m. Schemel, Fußbank.*

schamelîch *adj. schamhaft, verschämt; schändlich, schimpflich.*

schamen *sw. sich schämen.*

schapel *st. m. Kranz von Laub, Blumen als Kopfschmuck bes. der Jungfrauen; weiblicher Kopfputz.*

scharhafte *adv. in Scharen.*

scharpf, scherpfe *adj. schneidend, scharf, rauh; eifrig, stark.*

schedelîch *adj.*, -lîche *adv. schadenbringend, schädlich; zum Schaden, mit Sch.*

schef *alte nbf. zu* schif.

scheiden *red. v. sondern, trennen; entscheiden, beilegen, beenden; schlichten; intr. und refl. sich trennen, fortgehen, davon kommen, enden, sterben.*

schelch *st. m. Hirschart, Bockhirsch.*

schelten *st. v. III, 2 schelten, schmähen, tadeln.*

schenke *sw. m. Schenk, Mundschenk (Hofamt).*

schenken *sw. v. einschenken (den Willkommenstrunk), tränken.*

schermen, schirmen *sw. v. (mit dem Schild) schützen, parieren, abs. und refl.* (im) *mit* für, vor *sich schützen gegen.*

scherpfe *s.* scharpf.

schicken *sw. v. schaffen, tun, ins Werk setzen, fügen, anordnen, bereiten, zurüsten; kehren, richten, schicken, stoßen.*

schieben *st. v. II, 1 schieben,*

schiere *adv. in kurzer Zeit, sogleich, schnell, bald.*

schieȝen *st. v. II, 2 werfen, schießen; schieben, stoßen, schleudern; intr. schnell, wie geschossen sich bewegen.*

schifmeister *st. m. Schiffspatron, Schiffslenker, Steuermann.*
schihte *prät. von* schicken.
schiltgesteine *st. n. Edelsteinbesatz des Schildes.*
schiltspange *st. f. (versteiftes Mittel-) Band am Schild.*
schiltveȝȝel *st. m. Band zum Umhängen und Tragen des Schildes.*
schiltwahte *st. f. Wache in vollständiger Rüstung, Schildwache.*
schîn *adj. hell, strahlend; sichtbar, offenbar;* sch. machen *zeigen, beweisen;* sch. werden *sich zeigen.*
schînen *st. v. I, 1 strahlen, glänzen; erscheinen, sichtbar werden, sich zeigen.*
schirmen *s.* schermen.
schôȝ *st. f. vom Leib niedergehender, gefalteter Teil des Kleides.*
schouwen *sw. v. sehen, schauen, betrachten; besichtigen, prüfen.*
schrê *prät. zu* schrîen *st. v. I, 2 rufen, schreien, jammern.*
schult, schulde *st. f. Schuld; Ursache, Grund;* âne sch. *ohne Ursache, Grund;* von welhen schulden *warum;* von grôȝen, wâren schulden *mit (vollem) Recht.*
schüten, schütten *sw. v. schwingen, schütteln; Rüstung an-, ablegen.*
schutte *prät. zu* schüten.
sê, sêwes *st. m. See, Meer.*
sedel *st. m. Sessel, Sattel, Sitz.*
segel *st. m. Segel.*
segelseil *st. n. Segeltau, Tauwerk.*
seic *prät. von* sîgen.
seine *adv. langsam, träge, kaum, iron. gar nicht.*
seit, seite *aus* saget, sagete.
selbe *sw. flektiertes* selp *pron. adj. selbst; vor ord., z. B.* selbe vierde *selbst als der vierte, d. h. mit drei Begleitern.*
seltsæne *adj. seltsam, wunderbar.*
senften *sw. v. auch mit dat. leicht machen, besänftigen. beruhigen, mäßigen.*
sêr *st. n. Schmerz, Leid, Not, schmerzliche Sehnsucht.*
sêre *adv. mit Schmerzen, schmerzlich; gewaltig, heftig, sehr.*
sich *imp. von* sehen.
sicherlîch *adj. sorgenfrei, gesichert; zuverlässig;* -lîche *adv. sicher, zuverlässig, gewiß, wahrhaftig.*
sîde *st. sw. f. Seide, seidener Stoff, seidenes Gewand.*
sidelen *sw. v. Sitze bereiten, herrichten.*
sider *adv. nachher, später, seitdem.*
sîgen *st. v. I, 1 sich senken, niederfallen; sinken.*
sihtu *aus* siht du *siehst du.*
sîme *aus* sîneme *dat. sgl. m. n. vom pron. poss.* sîn.
sîn *gen. sgl. von* er.
sin *st. m., oft im pl. der körperliche, der innere Sinn, Verstand, Bewußtsein, Besinnung; Weisheit; Gedanke.*
sin *gek. aus* si ne.
sint *adv. seitdem, darnach, darauf.*

sippe *st. f. (Bluts-)Verwandtschaft.*
sît *adv. seitdem, darauf, später; conj. seit, nachdem; weil, da.*
site, sit *st. m., oft im pl. Gewohnheit; Beschaffenheit, Art und Weise.*
sitzen *st. v. V sitzen, wohnen, sich aufhalten; sich setzen, niederlassen.*
slâ *st. f. Schlag, Spur, Fährte.*
slac *st. m. Schlag, Niederschlagen; Plage, Verderben, Unglück; auch Beschlag.*
slahte *st. f. Gattung, Art, Weise, -lei.*
slîchen *st. v. I, 1 leise gehen, schleichen.*
sliefen *st. v. II, 1 schlüpfen.*
smal *adj. klein; gering, wenig, knapp; schmal.*
smielen *sw. v. lächeln.*
snê, snêwes *st. m. Schnee.*
snêblanc *adj. schneeweiß.*
sneit *prät. von* snîden.
snel *adj. schnell, behende, gewandt, stark, kräftig.*
snelle *adv. schnell, rasch.*
snîden *st. v. I, 1 abs. schneiden, schneidend scharf sein; tr. verwunden, verletzen; aus-, zuschneiden.*
sô *adv. so, ebenso; so sehr; in solcher Weise; dann, darum, deshalb; dagegen, aber; als, so als, wie; conj. wenn, so oft als.*
solden *sw. v. lohnen, bezahlen.*
soln *an. v. verpflichtet sein; angemessen sein, gebühren, frommen, schuldig sein; als Hilfsverb müssen, sollen, dürfen, wollen; werden;* solde *conjv. oft den conjv. prät. umschreibend.*
solt *st. m. Lohn. Bezahlung, Belohnung.*
son *aus* so ne.
sorclîche, -en *adv. mit Sorgen, mit Furcht, besorgt, gefährlich, bedenklich.*
sorge *st. f. Sorge, Besorgnis, Furcht, Gefahr.*
sorgen *sw. v. mit gen. oder* ûf *besorgt, bekümmert sein.*
sorgende *adj. part. besorgt, voller Sorgen, zaghaft.*
soum *st. m. Last eines Saumtieres.*
soumære, -mer *st. m. Saumtier.*
soumen *sw. v. auf Saumtiere laden und fortschaffen.*
spæhe *adj. weise, klug, kunstbegabt, kunstvoll, fein.*
spæhelîche *adv. zierlich, kunstvoll, gewandt.*
spange *sw. f. Band, Spange, Beschlag am Schild, Helm u. a.*
spannen *red. v. spannen, dehnen.*
sparn *sw. v. sparen, schonen; zögern, unterlassen.*
spâte *adv. spät.*
spehen *sw. v. schauen, betrachten, beobachten.*
spengen *sw. v. mit Spangen versehen.*
spien *prät. von* spannen.
spil *st. n. Zeitvertreib, Unterhaltung; Waffen-, Kampfspiel; Spiel.*
spilen *sw. v. Scherz treiben, sich vergnügen (im ritterlichen Kampfspiel, Minnespiel).*
spor *sw. m. Sporn; auch etwas Geringes bezeichnend.*

stahelherte *adj. stahlhart.*
stâl *aus* stahel.
stahel *st. m. n. Stahl; stählerne Rüstung, Panzerringe.*
stân, stên *an. v. stehen;* st. lâʒen *bleiben l., genug sein l., auf sich beruhen l.; sich stellen, treten; standhalten;* st. von *weggehen von; aufstehen, absitzen; anstehen, geziemen; zu stehn kommen, kosten; sich verhalten, befinden, in einem Zustand sein.*
starke *adv. gewaltig, sehr.*
stat *st. f. Ort, Stelle, Stätte; Ortschaft, Stadt.*
stat, stades *st. m. n. Gestade, Ufer, Landeplatz.*
stæte *adj. fest, beständig, treu.*
stæte *st. f. Festigkeit, Beständigkeit, Treue.*
stegereif *st. m. Steigbügel.*
stein *st. m. Fels, Stein, Edelstein.*
stîc *st. m. Steig, Pfad, Weg.*
stieben *st. v. II, 1 stäuben, fliegen.*
stiege *st. sw. f. Treppe.*
stiure *st. f. Stütze, Hilfe, Gabe, Beitrag.*
stoup *prät. von* stieben.
strâle *st. f. Pfeil.*
strecken *sw. v. ausdehnen, ausstrecken.*
strîchen *st. v. I, 1 glätten, putzen; intr. sich rasch bewegen, eilen.*
strît *st. m. Streit, Kampf, Widerstand.*
strîtlîch *adj. zum Kampf dienlich.*
strûchen *sw. v. straucheln, stolpern, fallen.*
stunde, stunt *st. f. Zeitpunkt, Zeit; Gelegenheit, Mal;* an der s. *sofort;* zeiner s. *einmal;* ze stunde, -en *dann, sogleich.*
sturm *st. m. Kampf.*
sturmmüede *adj. vom Kampf ermattet.*
süeʒe *st. f. Süßigkeit, süßer Geruch.*
süeʒlîch *adj. milde, angenehm, lieblich; freundlich, gütig.*
sulen, wir *von* soln.
su-, sümelîch *pron. adj. irgendeiner, mancher; pl. einige.*
sûmen *sw. v. mit acc. pers. und gen. sa. auf-, hin-, abhalten, hindern; refl. säumen, sich verspäten.*
sumerlanc *adj. lang wie im Sommer.*
sun *st. m. Sohn.*
sunderlingen *adv. auf gesonderte Weise, insbesondere; auch verschieden, abgestuft.*
sundern *sw. v. sondern, absondern, trennen, unterscheiden.*
sunewende *st. f. im pl. Sonnewende im Sommer, Johannistag.*
suochen *sw. v. suchen, auf-, besuchen; feindlich nachstellen, heimsuchen.*
suochman *st. m. der das Wild aufsucht, Jäger.*
suone *st. f. Sühne, Versöhnung, Ausgleich.*
sus *adv. so, so sehr, in solcher Weise;* sus getân *solch.*
swâ *conj. wo irgend, wo immer, wo auch.*
swach *adj.,* swache *adv. schlecht; gering; unfreundlich; niedrig.*

swanc *st. m. Schwung, Schlag.*
swar *adv. wohin irgend, wohin immer.*
swære *st. f. Leid, Schmerz, Kummer; Schwere.*
sweben *sw. v. sich fließend, schwimmend hin und her bewegen.*
sweder *pron. welcher auch von beiden.*
sweher *st. m. Schwiegervater.*
swenne *conj. wann irgend, wann immer, wann auch.*
swer, swaȝ *pron. wer irgend, wer immer, jeder der;* swaȝ *wieviel auch, alles was.*
swern *st. v. VI (part.* geswarn *ältere Form für* gesworn) *schwören, versichern.*
swertdegen *st. m. Knappe, der Ritter werden soll.*
swertgenôȝ *st. m. Knappe, der mit einem andern Ritter geworden ist.*
swertgrimmic *adj. schrecklich durchs Schwert, von grimmem Schwert verursacht.*
swi, swie *conj. wie immer, wie auch; wenn auch, obgleich.*
swîchen *st. v. I, 1 intr. mit dat. im Stich, im Verderben lassen, entgehen; tr. betrügen, heucheln.*
swiften *sw. v. zum Schweigen bringen, beschwichtigen.*
swinde *adj. gewaltig, stark, heftig; grimmig, schlimm, gefährlich.*
swinde *adv. gewaltig, stark, ungestüm; schnell, geschwind.*
swingen *st. v. III, 1 tr. schwingen, schütteln, werfen.*
tal *st. n. Tal;* ze tal *hinab, nieder, flußabwärts.*
tan *st. m. n. Tannenwald, Wald.*
tar *s.* turren.
tarnhût *st. f.*, tarnkappe *sw. f. unsichtbar machender Mantel.*
teil *st. n. m. Teil, Stück;* ein t. *ein wenig; ironisch: ziemlich, sehr.*
teilen *sw. v. teilen, mit-, zu-, austeilen; vorschlagen.*
tiurẹ, tiwer *adj. wertvoll, ausgezeichnet; herrlich, vornehm.*
tiure *adv. herrlich; dringlich, sehr.*
tiuren, tiwern *sw. v. wert machen, verherrlichen, ehren, preisen.*
tiuvel *st. m. Teufel;* den t. *nicht das Geringste, nichts.*
tiuvellîchen *adv. teuflisch.*
tiwerlich *adj. kostbar, herrlich, ausgezeichnet.*
tobelîchen *adv. in unsinniger, toller, heftiger Weise, tobend, wahnsinnig.*
torste *prät. von* turren.
touc *präs. von* tugen.
tougen *adv. heimlich, verborgen.*
tougenlîch *adj.*, -lîchen *adv. verborgen, geheim, heimlich.*
tragen *st. v. VI tragen, halten; bringen, führen; dulden, ertragen; refl. sich benehmen, betragen, zeigen.*
trahen *st. m. Träne.*
tranc *st. n. Trank, Getränke; Trinken, Trinkgelage.*
treit, er *präs. von* tragen.
triegen *st. v. II, 1 trügen, betrügen.*
trinken *st. n. Getränk.*

triuten *sw. v. liebhaben, lieben, liebkosen.*

triutinne *st. f. Geliebte, Frau.*

triuwe *st. f. Zuverlässigkeit, Treue, treue Gesinnung; gegebenes Wort, Versprechen;* triuwen *dat. pl.*, in triuwen (*s.* entriuwen), an den triuwen *in Wahrheit, wahrhaftig, traun.*

trouwen, trûwen *sw. v. hoffen, erwarten, glauben; mit gen. oder nachsatz erwarten, vermuten, beabsichtigen; mit inf. hoffen, sich getrauen; mit dat. vertrauen zu, anvertrauen.*

truhsæȝe *sw. m. der die Speisen aufträgt, Truchseß (Hofamt).*

trunzûn *st. m. abgebrochenes Speerstück, Splitter.*

trût *st. m. Liebling, Geliebter.*

trûte *gek. aus* trûtete *prät. zu* triuten.

tugen *an. v., präs.* touc, *prät.* tohte *tüchtig, brauchbar sein, nützen, angemessen sein, sich geziemen.*

tugent *st. f. Brauchbarkeit, Tauglichkeit; männliche Tüchtigkeit, Kraft, Macht; Vorzüglichkeit, edle, feine Sitte und Fertigkeit; hervorragende Charakteranlage und gesellschaftliche, auch kriegerische Erziehung.*

tülle *st. n. Röhre, mit der die Spitze des Pfeils oder Speers am Schafte befestigt wird.*

tump, -bes *adj. dumm, töricht; unerfahren, jung.*

tuon *an. v. tun, machen, schaffen, geben;* eȝ wol t. *sich bewähren;* t. *vertritt das vorangehende Verb in dessen Konstruktion.*

turn *st. m. Turm.*

turren *an. v., präs.* tar, *prät.* torste *wagen, sich unterstehn, [dürfen.*

twerc *st. n. Zwerg.*

twingen *st. v. III, 1 zusammendrücken, -pressen; zwängen, drängen; zwingen, nötigen.*

übel *adj. böse, grimmig, schlecht, gefährlich.*

übele *adv. böswillig, schlimm, zum Unglück; schwierig, schwer, sehr, schlecht, wenig, gar nicht.*

übellîchen *adv. in böser, heftiger Weise.*

über *präp. mit acc. über — hin, über — hinaus, jenseits.*

überal *adv. keinen ausgenommen, alle, alles; ganz und gar, gänzlich.*

übermüete *st. f. stolzer, hochfahrender Sinn.*

übermüete *adj. stolz, übermütig.*

übermüeten *sw. v. übermütig sein; als subst. n. wie* übermuot.

übermuot *st. f. stolzer, hochfahrender Sinn, Tollkühnheit.*

ûf *präp. mit acc. und dat. auf, bis auf, nach; um — willen; im Hinblick, in Hoffnung auf; bei, nach.*

ûfbinden *st. v. III, 1 auf etwas setzen und daran festbinden; auf-, losbinden.*

ûfgeben *st. v. V (zur Aufbewahrung) übergeben; aufgeben, fahren lassen.*

um- *vor Lippenlauten angeglichen aus* un-, *s.* umbehuot, -bereit, -betwungen.

umbe, umb, um *präp. mit acc. um, um - herum, gegen; wegen, in bezug auf; adv. um, herum.*

umbehuot *part. adj. nicht bewahrt, nicht beschützt, nicht gehalten, sorglos.*

umbegân *an. v. um-, herumgehn, sich drehen; vorfallen, sich zutragen.*

umben *gek. aus* umbe den.

umbereit *adj. mit gen. nicht bereit zu.*

umbesliezen *st. v. II, 2 tr. umschließen, -fassen, -armen;* mit umbeslozzen (*aus* -slozzenen) armen *mit umschlungenen Armen.*

umbetwungen *part. adj. unbezwungen.*

umbevâhen *red. v. umfangen, -armen.*

umbevie *prät. von* -vâhen.

unangestlîchen *adv. ungefährdet.*

unde, und, unt *conj. und; statt relativpron. und -partikel; am Beginn von Bedingungssätzen in fragender Form: wenn, ob, selbst wenn.*

ünde *st. f. Flut, Welle.*

understân *st. v. VI bekämpfen, abwehren, verhindern.*

unervorht *part. adj. furchtlos, unerschrocken.*

unerwant, -wendet *part. adj. nicht abgewendet, ungehindert, unverzüglich; unabwendbar.*

ungebære *st. f. übles Befinden und Benehmen; Jammergebärde, Ausdruck von Schmerz.*

ungemach *st. n. m. Unruhe, Verdruß, Unbequemlichkeit, Leid, Unglück; Gefängnis.*

ungemeit *adj. unfroh, traurig, mißvergnügt.*

ungemüete *st. n. Mißmut, Verdruß, Zorn, Kummer, Leid.*

ungemuot *part. adj. übelgesinnt, -gestimmt, unmutig, zornig, betrübt.*

ungescheiden *part. adj. nicht geschieden, ungetrennt, fest zusammen; nicht geschlichtet.*

ungesunt *adj. krank, verwundet, tot.*

ungetriuwe *adj.,* -lîche *adv. untreu, treulos, heimtückisch.*

ungetrunken *part. adj. nicht getrunken habend, ohne Getränk.*

ungevreut *adj. nicht erfreut, betrübt.*

ungevüege *adj. riesig, plump, stark, heftig; böse, schlimm.*

ungevüege, -vuoge *st. f. Unhöflichkeit, Ungehörigkeit; übermäßige Klage; übergroße Menge.*

ungevuoge *adv. unhöflich, unfreundlich, grob; übermäßig, maßlos, überaus.*

ungewert *part. adj. nicht gewährt, verweigert; unbefriedigt.*

ungewon *adj. ungewohnt;* u. sîn *mit gen. nicht gewöhnt sein an.*

unkraft *st. f. Schwäche, Ohnmacht.*

unkünde, unkunt *adj. unwissend, unbekannt, fremd.*

unmære *adj. unlieb, unwert, zuwider, gleichgültig.*
unmâʒen *adv. übermäßig, ungemein, höchst, außerordentlich, sehr.*
unmæʒlîche *adv. maßlos, ungemein, überaus.*
unmüeʒe *adj. unruhig, bewegt; fleißig, beschäftigt, tätig.*
unmuot *st. m. Mißmut, Aufgebrachtheit, Zorn.*
unmuoʒe *st. f. Unruhe, eifrige Arbeit, — Tätigkeit, Geschäftigkeit.*
unser *gen. von* wir.
unsorclîche *adv. unbesorgt, furchtlos.*
unstätelîche *adv. ungünstig, unheilvoll.*
untrœsten *sw. v. mutlos machen, entmutigen.*
unverdaget *part. adj. mit acc. nicht verschwiegen, öffentlich.*
unverdienet *part. adj. unverschuldet, ohne Grund, mutwillig.*
unversüenet *part. adj. ohne Sühne, Aussöhnung.*
unvriuntlîche *adv. unfreundlich, unverwandtschaftlich, feindlich.*
unwert *adj. nicht geachtet, verachtet; unlieb; gering, wertlos; unwürdig.*
unze, unz *präp. auch mit* an, in, ûf, ze *verbunden: bis.*
uoben *st. n. Treiben, Tätigkeit.*
üppeclîch *adj. überflüssig, nichtig, übermütig.*
ûr *st. m. Auerochse.*
urliuge *st. n. Krieg, Kampf.*
urloup *st. m. n. Erlaubnis bes. zu gehen, Verabschiedung, Abschied.*
ûʒ *präp. mit dat. aus — heraus, von — weg; adv. aus, heraus. hinaus, fort.*
ûʒe, ûʒen *adv. außen, draußen.*
ûʒer *präp. mit dat. wie* ûʒ.
ûʒheben *st. v. VI refl. sich auf machen, aufbrechen.*

vâhâ *s.* â.
vâhen, vân *red. v. fassen, ergreifen, einfangen.*
vaht *prät. zu* vehten.
vâlandinne *st. f. Teufelin, teuflisches Wesen.*
valsch *st. m. Betrug, Unredlichkeit, Treulosigkeit;* in valsche *mit Verstellung.*
vart, *gen.* verte *st. f. Fahrt, Zug, Reise, Ritt; Gang, Lauf, Weg, Fährte.*
varwe *st. f. Farbe, Aussehen, Teint.*
vaste *adv. fest, stark, gewaltig, reichlich, sehr.*
vater *in alter Weise unflektiert:* vater *gen., dat. usw.*
vedere *st. sw. f. Feder, flaumiges Pelzwerk zum Futtern.*
veige *adj. zum Tod bestimmt, der sterben mußte, tot.*
vellen *sw. v. fallen machen, zu Fall bringen.*
velschen *sw. v. fälschen, schminken.*
verch *st. n. Sitz des Lebens, Leib und Leben.*
verchgrimme *adj. bis ans Leben wütend, ans Leben gehend.*

verchtief *adj. bis aufs Leben dringend, ins Lebensmark reichend.*

verchwunt *adj. todwund, schwer verwundet.*

verdagen *sw. v. tr. mit doppeltem acc. verschweigen.*

verdeit *part. zu* verdagen.

verdenken *an. v. tr. zu Ende denken, bedenken; refl. sich besinnen und entschließen, nachdenken, sich vorsehen.*

verderben *st. v. III, 2 zunichte werden, umkommen; verkommen.*

vereiten *sw. v. verbrennen.*

verenden *sw. v. vollenden, vollführen, zustande bringen.*

verge *sw. m. Schiffer, Fährmann*

verheln *st. v. IV mit doppeltem acc. verheimlichen, verbergen.*

verhouwen *red. v. zerhauen; verwunden, niederhauen.*

verjehen *st. v. V sagen, aussagen, eingestehn, versprechen;* v. *mit gen. und* vür *erklären, ausgeben für.*

verkebesen *sw. v. zum Kebsweib machen, K. schelten.*

verkiesen *st. v. II, 2 nicht beachten, verschmähen, aufgeben, verzichten.*

verklagen *sw. v. zu Ende klagen, zu beklagen aufhören, verschmerzen.*

verkleit *von* verklagen.

verlâȥen, -lân *red. v. fort-, loslassen; zurück-, verlassen; unterlassen.*

verleiten *sw. v. falsch, irre, ins Verderben führen.*

verliesen, vliesen *st. v. II, 2 verlieren; verloren gehn; zu grunde richten;* verlorn *unnütz, vergeblich.*

verligen *st. v. V durch zu langes Liegen verschlafen, versäumen*

vermeȥȥen *st. v. V tr. aus-, ab-, zumessen; refl. mit gen. übermütig, kühn sein, sich erkühnen, anmaßen.*

vermîden *st. v. I, 1 vermeiden, unterlassen; abs. nicht treffen, fehlen.*

verre *adj. fern, entfernt, weit; adv. fern, weit, sehr viel; vor comp. weit, viel;* v. dan *weit fort, weithin;* verrist *sup. in sehr weiter Ferne, ganz von fern.*

verren *sw. v. fernhalten, entfernen.*

verrücken *sw. v. von der Stelle rücken, verschieben.*

versagen *sw. v. verweigern, abschlagen, aufkündigen.*

verschranken *sw. v. mit Schranken versehen, versperren.*

versehen *st. v. V refl. mit gen. rechnen auf, erwarten.*

verseit *von* versagen.

versinnen *st. v. III, 1 wahrnehmen, bemerken; refl. zum Bewußtsein kommen, sich besinnen, überlegen, begreifeneinsehen, merken; mit gen, sich bewußt werden, sich einbilden;* des lebens sich v. *bei Bewußtsein sein.*

versitzen *st. v. V durch Sitzenbleiben übersehen, versäumen, nicht leisten.*

versmâhen, -smæhen *sw. v. geringschätzen, verschmähen.*
versmâhen *sw. v. verächtlich, geringfügig erscheinen, dünken.*
versnîden *st. v. I, 1 zerschneiden, -hauen, verwunden.*
versoln *sw. v. verschulden, -dienen, -gelten.*
verspart *part. von* versperren.
versprechen *st. v. IV ablehnen, verreden, ausschlagen, zurückweisen.*
versteln *st. v. IV heimlich wegnehmen, stehlen.*
versüenen *sw. v. sühnen, gutmachen; aus-, versöhnen.*
versuochen *sw. v. kennenzulernen versuchen, forschen nach, prüfen, versuchen, erproben, bes. im Kampf.*
vertragen *st. v. VI ertragen, geschehn lassen, verzeihn.*
vervâhen, vervân *red. v. fassen, fangen; wahrnehmen; zuwege bringen, fördern; unpers. mit acc. pers. helfen, frommen, nützen.*
verwænen *sw. v. refl. mit gen. vermuten, erwarten, glauben.*
verweisen *sw. v. tr. zur Waise machen, verwaisen, mit Waisen füllen.*
verweiȝ *prät. von* verwîȝen.
verwenden *sw. v. abwenden;* v. ûf *hinwenden, -weisen; an-, unterbringen.*
verwitwen *sw. v. zur Witwe machen.*
verwîȝen *st. v. I, 1 vorwerfen, vorrücken.*
vesperzît *st. f. Zeit der Vesper (6 Uhr nachm.).*
veȝȝel *st. m. Band zum Befestigen und Festhalten des Schwertes, Schildes, Falken; Schildriemen, -griff.*
vîant, vîent, vînt *st. m. Feind; als adj. feindlich.*
videlære *st. m. Fiedler, Geigenspieler, Spielmann.*
vie *prät. von* vâhen.
vîentlich, vîntlîch *adj.*, -lîche *adv. feindlich, feindselig.*
vîentschaft *st. f. Feindschaft, Fehde.*
vil *mit gen. viel; vor adj., adv. sehr, gar.*
vinster *st. f. Dunkel, Finsternis.*
viwerrôt *adj. vom Feuer gerötet, feuerrot.*
viwerstat *st. f., gen.* -stete *Feuerstätte.*
vlêgen, vlêhen *sw. v. flehen, dringend bitten.*
vliesen *s.* verliesen.
vlieȝen *st. v. II, 2 fließen, strömen; vom fließenden Wasser getrieben werden; schwimmen.*
vlinsherte *adj. kiesel-, steinhart.*
vlîȝ *st. m. Beflissenheit, Eifer, Sorgfalt;* mit, ze vlîȝe *sorgfältig, eifrig.*
vlîȝeclîche *adv. beflissen, eifrig, angelegentlich.*
vlîȝen *st. v. I, 1 abs. und refl. mit gen. eifrig sein, sich befleißen, bemühn.*
vloitieren *sw. v. Flöte blasen.*
vlorn = verlorn *part. von* verliesen.
vluot *st. f. m. fließendes, strömendes Wasser, Wassermasse.*

voget *st. m. Verteidiger, Schirmherr; Herrscher, Fürst; Statthalter.*

vol *adj. voll, angefüllt, vollständig.*

vol *adv. vollständig, ganz, vollends, sehr.*

volc *st. n. Leute, Volk, Heer; Schar, Haufen.*

volgen *sw. v. mit dat. pers. und gen. sa. folgen; nachkommen, beistimmen, bereit sein, gehorchen.*

volle *sw. m. Fülle, Vollständigkeit, Genüge;* den, mit vollen *in vollem Maße, vollständig, gänzlich.*

volleclîch *adj.*, -lîche *adv. in Fülle, reichlich, gänzlich, kräftig.*

volsagen *sw. v. vollständig seqen, berichten.*

volsprechen *st. v. IV vollständig, zu Ende sprechen.*

volziehen *st. v. II, 2 vollenden, ausführen, beschaffen.*

von, vone *präp. mit dat. von — weg, von — her, ab, von, aus; seit; durch, wegen, vor.*

vonme *gek. aus* von deme.

vor *präp. mit dat., gen. vor, in Gegenwart, an der Spitze von; mehr als.*

vorderôst *alte Form für* vorder(e)st (*sup. zu* vorder *adj. vorangehend, -stehend): vorderst, vornehmst.*

vorgestân *st. v. VI mit dat. schützend stehn vor, beistehn, helfen.*

vorhte *prät. zu* vürhten.

vorhte *st. f. Furcht, Angst.*

vorhtlîch *adj. furchtvoll, -sam; gefürchtet, fürchterlich, furchtbar.*

vreischen *red. v. vernehmen, erfahren, erfragen.*

vreislîch *adj.*, -lîchen *adv. furchtbar, schrecklich.*

vremde *adj. fremd, ausländisch; befremdlich, seltsam, wunderlich, wunderbar.*

vremden *sw. v. mit acc. einem fremd bleiben, fernbleiben, meiden.*

vreun *sw. v. erfreuen, froh machen.*

vride *st. m. Friede, Waffenstillstand, Ruhe, Sicherheit, Schutz.*

vriden *sw. v. befrieden, Frieden, Schutz verschaffen, schützen, beschützen;* ez v. *Frieden stiften.*

vriedel *st. m. Geliebter, Buhle, Bräutigam, Gatte.*

vriesc, vriesch *prät. von* vreischen.

vristen *sw. v. hinhalten, aufschieben, erhalten, schützen, retten.*

vriunt, vriwent *st. m., z. T. nach alter Art unflektiert, Freund; Geliebter, Verwandter.*

vriunt-, vriwentlîch *adj.*, -lîche -lîchen *adv. freundlich, gütlich, lieblich, angenehm;* -lîchen tuon *anständig handeln.*

vriuntschaft *st. f. Freundschaft; Liebschaft; Verwandtschaft.*

vröude *st. sw. f. Frohsinn, Freude, Erfreuendes, gehobene Stimmung.*

vrouwe *sw. f. Herrin, Gebieterin, Geliebte.*
vrum *adj. tüchtig, gut, trefflich, tapfer; förderlich, nützlich.*
vrum *acc. sgl. aus* vrumen *von* vrume.
vrume *sw. st. m. Nutzen, Gewinn, Vorteil.*
vrumen *sw. v. vorwärts schaffen, befördern, bringen, schaffen, machen, bewirken, vollbringen;* tôt, erslagen *v. töten.*
vrumen *sw. v. intr. förderlich sein, nützen, frommen, helfen.*
vruo *adv. früh, morgen früh.*
vüegen *sw. v. zusammenfügen, verbinden; bewerkstelligen, zusammenbringen; mit dat. pers. bescheren, zuteilen, gewähren; refl. sich fügen, passen, schicken; sich ereignen, geschehen.*
vuoge *st. f. Schicklichkeit, Wohlanständigkeit, Kunstfertigkeit.*
vür *präp. mit acc. vor, vor — hin, bis vor, an — vorbei; anstatt, als, wie; mehr als, lieber als; gegen; — adv. vor, hervor, hinaus, voraus, vorbei, vorwärts.*
vürbüege *st. n. Vorderzeug der Pferde, Brustriemen.*
vürgân *red. v. hervortreten, vorangehn, Vortritt haben, vorübergehn.*
vürhten *sw. v. mit gen. Furcht, Angst, Besorgnis haben für, um, vor.*
vürstrîchen *st. v. I, 1 voraneilen.*
vurt *st. m. Furt, Flußbett; Bahn, Weg.*
vürwîse *adj. falsch geführt, irregeleitet.*
vúst *st. f. Faust.*
wâ *adv. wo; wohin;* wâ nu *wie steht es nun, was nun;* wâ von
wac *prät. von* wegen. [*weshalb.*
wâc *st. m. bewegtes Wasser, Strömung, Flut, Wogen.*
wâfen *st. n. Waffe, bes. Schwert, Rüstung; elliptischer Ausruf: wehe!*
wâfen *gek. aus* wâfenen *sw. v. waffnen, wappnen, rüsten.*
wâfenroc *st. m. Oberkleid über der Brünne, meist seiden und verziert.*
wâge *st. f. Waage, Kippe, Wagnis;* enwâge *auf der Waage, in Gefahr;* an die w. lâȝen *aufs Spiel setzen.*
wæge *adj. gewogen, geneigt.*
wâgen *sw. v. sich hin und her bewegen, schwanken.*
wägene(n) *pl. zu* wagen *st. m.*
wahte *prät. von* wecken.
wæjen, wæn *sw. v. wehen.*
waltreise *st. f. Zug in den Wald, Jagd.*
wan *aus* wanne *pron. adv. wann.*
wan *adv. nur; außer (auch mit gen.), als, als nur; conj.* w., w. daȝ *vor Nachsatz wenn nicht, nur daß; aber nur, gleichwohl, sondern.*
wan *s.* wande.
wan *aus* wande ne *warum nicht.*
wân *st. m. Ansicht, Meinung, Hoffnung, Erwartung, Gedanken;* ûf den w. *in Hoffnung auf, in der Absicht.*
wæn *aus* ich wæne *ich meine, wohl, etwa, vielleicht.*

wanc *st. m. Bewegung irgendwohin; Unstätigkeit; Fehl.*

wande *prät. zu* wenden.

wânde *prät. zu* wænen.

wande, wan *interr. warum; gek. aus* wande ne *warum nicht; conj. denn, weil.*

wænen *sw. v. meinen, glauben, vermuten, ahnen, hoffen.*

wannen *interr., auch* von w. *woher.*

war *st. f. Wahrnehmung, Beobachtung, Acht* — war nemen *mit gen. beachten, sorgen für, sich kümmern um.*

war *interr.* wohin.

wærlîche *adv. in Wahrheit, wahrlich, in der Tat.*

warte *st. f. Ausschauen, Lauern; Wacht, Vorposten; Anstand (weidm.).*

warten *gek. aus* warteten *prät. zu* warten.

warten *sw. v. achthaben, spähen; mit dat. pers. und* nâch *ausschauen nach, warten auf; erwarten.*

wât *st. f. Kleidung, Kleidungsstück; Rüstung.*

wæte *gen., dat. sgl. von* wât.

wætlîch *adj. schön, schmuck, stattlich.*

wætlîche *adv. wahrscheinlich, vermutlich, so leicht; ironisch: schwerlich.*

waȥ *mit gen. was an, wieviel; conj. wiefern, wie sehr;* waȥ ob *wie wenn.*

wegen *st. v. V sich bewegen; intr. Gewicht, Zahl, Wert haben, mit dat. pers. beistehn; tr. in Bewegung setzen, wägen, schätzen; mit dat. pers. zuwägen, -teilen, geben; unpers. anschlagen, schätzen.*

wegen *sw. v. bewegen, schwingen.*

weidenlîche *adv. jägermäßig, jagdgerecht.*

weinen *sw. v. intr. weinen; tr. beweinen.*

wel, welles *adj. rund.*

wellen *an. v. wollen, beabsichtigen, wünschen, mögen; als Futur.*

weln *sw. v. wählen, er-, auswählen.*

wenden *sw. v. tr. anrühren;* eȥ w. *zum Guten kehren; mit gen. sa. abwenden von, hindern an; mit* an *richten, zuwenden, überlassen;* gewant ze *ausschlagend, zuteil geworden, intr. sich wenden, sich kehren; umkehren.*

wênic *adj. klein, winzig; adv. wenig, kaum, nicht.*

wer *st. f. Verteidigung, Wehr, Kampf; Kriegsmacht, Heer, Mannschaft;* ze w. stân *Gegenwehr leisten.*

werben *st. v. III, 2 sich bewegen;* w. nâch, umbe *sich umtun, bemühn, streben, handeln; tr. in Bewegung setzen; (durch Boten) berufen, einladen, bestellen; tun, schaffen, betreiben, ausrichten.*

werc, werch *st. n. Werk, Tat, Handlung, Arbeit.*

werdekeit *st. f. Würdigkeit, Herrlichkeit, Würde, Ehre.*

werlîch *adj.,* -lîche *adv. kampfbereit, tapfer.*

wiȝȝen *an. v. wissen, verstehen, kennen.*

wol *adv. gut, wohl, sehr, völlig, gewiß;* wol geborn *von vornehmer Geburt;* w. getân *schön; interj. mit acc. pers. und gen. sa. heil wegen.*

wolt, ir *aus* woldet *prät. zu* wellen.

worhte, geworht *von* würken.

wortræȝe *adj. scharf in Worten, scharfzüngig.*

wunde *sw. m. zu* wunt *Verwundeter.*

wunder *st. n. Verwunderung, Neugier;* ich hân w., mich hât w. *mit gen. ich wundere mich; Wunder, Wunderbares; außergewöhnlich große Menge, Unzahl.*

wunderlîch *adj. wunderbar, seltsam.*

wundern *sw. v. mit gen. sa. intr. in Verwunderung geraten, sich wundern, neugierig sein auf; auch unpers. mit acc. pers. und* umb.

wundernküene *adj. (altes adj.* wundern) *wunderbar kühn.*

wünne *st. f. Freude, Wonne, Herrlichkeit.*

wunsch *st. m. Inbegriff des Schönsten, Besten; Vollkommenheit, Ideal, Fülle;* ze wunsche *nach Wunsch, vollkommen.*

wunt *adj. verwundet.*

wuof *st. m. Wehklage.*

würken *sw. an. v. abs. tätig sein, handeln, wirken; tr. ins Werk setzen, bewirken, vollbringen, tun; nähend, stickend, webend verfertigen; einsticken, einlegen.*

zage *sw. m. Feigling, elender Geselle.*

zägelîch *adj. feige, verzagt.*

zallen *aus* ze allen.

zam *prät. von* zemen.

ze *prät. mit dat. zu, bei, in, an; samt, nebst, außer; bei Städte- und Ländernamen als Ortsbezeichnung hinzutretend; bis, zu, gegen; adv. zu, zu sehr.*

zebresten *st. v. IV zer-, entzweibrechen, zerbersten, -reißen.*

ze gegene *adv. mit dat. gegen- entgegen, gegenüber.*

zehant *adv. auf der Stelle, sogleich, alsbald.*

zeichen *st. n. Zeichen, Feldzeichen, Fahne.*

zeime *gek. aus* ze eime.

zein *st. m. Reis, Rute, Stäbchen, Metallspange.*

zem, zen *gek. aus* ze dem, ze den.

zemen *st. v. IV ziemen, passen, gebühren; dürfen, dünken; gefallen; persönlich oder unpers.* (mich zimet *mit gen.*).

zent *aus* ze ende *am Ende.*

zer *gek. aus* ze der.

zerbliuwen *st. v. II, 1 zerschlagen, -bleuen.*

zerblouwen *part. zu* zerbliuwen.

zerbresten *s.* zebresten.

zergân *an. v. intr. auseinandergehn, aufhören, enden, ver-, untergehn.*

zerinnen *st. v. III, 1 persönlich und unpers. mit gen. sa. zu Ende, ausgehn, mangeln.*

zer-, zevüeren *sw. v. zerstreuen, -reißen; in Unordnung bringen.*

zese, zesewes *adj. rechter.*

zetal s. tal.

zewâre *adv. in Wahrheit, wahrlich, fürwahr.*

ziehen *st. v. II, 2 tr. ziehen, führen, leiten, bringen; erziehen, aufziehen;* z. dan *wegführen.*

ziere *adj. prächtig, herrlich, schön, schmuck.*

zieren *sw. v. putzen, schmücken, kostbar ausstatten.*

zierlîch *adj. wie* ziere.

zîhen *st. v. I, 2 mit gen. sa. bezichtigen, beschuldigen.*

zin, zir *gek. aus* ze in, ze ir.

zît *st. f. Zeit;* die zît *acc. inzwischen;* in der selben zîte *inzwischen;* in einen zîten *einstmals;* in einer kurzen zîte *im Augenblick;* an disen zîten *in diesem Augenblick.*

zîte *adv. frühzeitig.*

zogen *sw. v. intr. ziehen, eilen;* mir zoget *mit gen. ich habe es eilig mit.*

zorn *st. m. Zorn, Wut; als adj.* mir ist z. *ich bin zornig, aufgebracht.*

zuc *st. m. das Ziehen, Zug, Ruderschlag, Bogenstrich.*

zucken *sw. v. heftig ziehen, schnell ergreifen, an sich reißen.*

zuht *st. f., gern im pl. das Ziehen; Erziehung, Bildung; Wohlerzogenheit, Anstand.*

zuhte *prät. zu* zucken.

zuo *präp. und adv. s.* ze; zuo ze *doppelte präp. zu, s.* ze.

zuogrîfen *st. v. I, 1 abs. zugreifen, anfangen, Hand anlegen.*

zuospringen *st. v. III, 1 mit dat. springen auf.*

zurnde *prät. von* zürnen.

zürnen *sw. v. mit acc. sa. zürnen, aufgebracht sein über.*

zweinzec *card. zwanzig.*

zwiu *gek. aus* ze wiu *wozu, warum.*

GESAMTVERZEICHNIS

SAMMLUNG GÖSCHEN

DAS WISSEN DER WELT IN KURZEN, KLAREN, ALLGEMEINVERSTÄNDLICHEN EINZELDARSTELLUNGEN NACH DEN LEHRPLÄNEN DER DEUTSCHEN UNIVERSITÄTEN UND HOCHSCHULEN AUFGEBAUT

JEDER BAND DM 2,40

DOPPELBAND DM 4,80

STAND JANUAR 1956

WALTER DE GRUYTER & CO.

BERLIN W 35

INHALTSVERZEICHNIS

Geisteswissenschaften

Philosophie

Einführung in die Philosophie von *H. Leisegang.* 2. Auflage. 145 Seiten. 1953. . . . . Bd. 281

Erkenntnistheorie von *G. Kropp.* 1. Teil: Allgemeine Grundlegung. 143 Seiten. 1950 . . . . Bd. 807

Hauptprobleme der Philosophie von *G. Simmel†.* 7., unveränd. Auflage. 177 Seiten. 1950 . . . . Bd. 500

Geschichte der Philosophie

I: Die griechische Philosophie von *W. Capelle.* 1. Teil. Von Thales bis Leukippos. 2., erweiterte Auflage. 135 Seiten. 1953 . . . . Bd. 857

II: Die griechische Philosophie von *W. Capelle.* 2. Teil. Von der Sophistik bis zum Tode Platons. 2., stark erweiterte Auflage. 144 Seiten 1953 . . . . Bd. 858

III: Die griechische Philosophie von *W. Capelle.* 3. Teil. Vom Tode Platons bis zur Alten Stoa. 2., stark erweiterte Auflage. 132 Seiten. 1954 . . . . Bd. 859

IV: Die griechische Philosophie von *W. Capelle.* 4. Teil. Von der Alten Stoa bis zum Eklektizismus im 1. Jahrhundert v. Chr. 2., stark erweiterte Auflage. 132 Seiten. 1954 . . . . Bd. 863

V: Die Philosophie des Mittelalters von *J. Koch.* In Vorbereitung . . . . Bd. 826

VI: Von der Renaissance bis Kant von *K. Schilling.* 234 Seiten. 1954 . . . . Bd. 394/394a

VII: Immanuel Kant von *G. Lehmann.* In Vorbereitung. Bd. 536

VIII: Die Philosophie des 19. Jahrhunderts von *G. Lehmann.* 1. Teil. 151 Seiten. 1953 . . . . Bd. 571

IX: Die Philosophie des 19. Jahrhunderts von *G. Lehmann.* 2. Teil. 168 Seiten. 1953 . . . . Bd. 709

X: Die Philosophie im ersten Drittel des 20. Jahrhunderts von *G. Lehmann.* In Vorbereitung . . . . . Bd. 845

Die geistige Situation der Zeit (1931) von *K. Jaspers.* 3., unveränderter Abdruck der 1932 bearbeiteten 5. Auflage. 211 Seiten. 1953. Zur Zeit nur Ganzleinen DM 4,80 Bd. 1000

Philosophisches Wörterbuch von *M. Apel†.* 4., unveränderte Auflage. 260 Seiten. 1953 . . . . Bd. 1031

Philosophische Anthropologie von *M. Landmann.* 266 Seiten. 1955 . . . . Bd. 156/156a

Pädagogik · Psychologie · Soziologie

Geschichte der Pädagogik von *H. Weimer.* 11., neubearbeitete und vermehrte Auflage. 176 Seiten. 1954 . . . . Bd. 145

Therapeutische Psychologie. Freud — Adler — Jung von *W. M. Kranefeldt.* Mit einer Einführung von *C. G. Jung.* 2. Auflage. 152 Seiten. 1950 . . . . Bd. 1034

Sozialpsychologie von *P. R. Hofstätter.* 1956. In Vorbereitung Bd. 104/104a

Psychologie des Berufs- und Wirtschaftslebens von *W. Moede.* 1956. In Vorbereitung . . . . Bd. 851

Soziologie. Geschichte und Hauptprobleme von *L. von Wiese.* 5. Auflage. 162 Seiten. 1954 . . . . Bd. 101

Industrie- und Betriebssoziologie von *R. Dahrendorf.* 118 Seiten. 1956 . . . . Bd. 103

Religionswissenschaften

Jesus von *M. Dibelius †*. 2. Auflage. Unveränderter Nachdruck. 137 Seiten. 1949 . . . . Bd. 1130

Paulus von *M. Dibelius †*. Nach dem Tode des Verfassers herausgegeben und zu Ende geführt von *W. G. Kümmel*. 2. Auflage. 155 Seiten. 1956 . . . . Bd. 1160

Musik

Musikästhetik von *H. J. Moser*. 180 Seiten. 1953 . . . . Bd. 344

Systematische Modulation von *R. Henried*. 2. Auflage. 136 Seiten. 1950 . . . . Bd. 1094

Der polyphone Satz von *E. Pepping*. 1. Teil: Der cantus-firmus-Satz. 2. Auflage. 223 Seiten. 1950 . . . . Bd. 1148

Harmonielehre von *H. J. Moser*.
I: 109 Seiten. 1954 . . . . Bd. 809

Technik der deutschen Gesangskunst von *H. J. Moser*. Dritte, durchges. u. verbesserte Auflage. 144 Seiten mit 5 Fig. 1954 . . . . Bd. 576/576a

Die Kunst des Dirigierens von *H. W. von Waltershausen †*. 2. Auflage. 138 Seiten. 1954 . . . . Bd. 1147

Die Technik des Klavierspiels aus dem Geiste des musikalischen Kunstwerkes von *K. Schubert †*. 3. Auflage. 110 Seiten. 1954 . . . . Bd. 1045

Die Musik des 19. Jahrhunderts von *W. Oehlmann*. 180 Seiten. 1953 . . . . Bd., 170

Allgemeine Musiklehre von *H. J. Moser*.
2., durchges. Auflage. 155 Seiten. 1955 . . . . . Bd. 220/220a

Kunst

Stilkunde von *H. Weigert*.
I: Vorzeit, Antike, Mittelalter. 2. Auflage. 136 Seiten. Mit 94 Abbildungen. 1953 . . . . Bd. 80
II: Spätmittelalter und Neuzeit. 2. Auflage. 146 Seiten. Mit 84 Abbildungen. 1953 . . . . Bd. 781

Archäologie von *A. Rumpf*.
I: Einleitung, historischer Überblick. 143 Seiten mit 6 Abbildungen im Text und 12 Tafeln. 1953 . . . . . Bd. 538
II: Die Archäologensprache. Die antiken Reproduktionen. 136 Seiten mit 7 Abbildungen im Text und 12 Tafeln. 1956 . . . . Bd. 539

Geschichte

Einführung in die Geschichtswissenschaft von *P. Kirn*. 2. Auflage. 121 Seiten. 1952 . . . . Bd. 270

Kultur der Urzeit von *F. Behn*. 4. Auflage der „Kultur der Urzeit". Band I—III von *M. Hoernes*.
I: Die vormetallischen Kulturen. (Die Steinzeiten Europas. Gleichartige Kulturen in anderen Erdteilen). 172 Seiten mit 48 Abbildungen. 1950 . . . . Bd. 564
II: Die älteren Metallkulturen. (Der Beginn der Metallbenutzung. Kupfer- und Bronzezeit in Europa, im Orient und in Amerika). 160 Seiten mit 67 Abbildungen. 1950 Bd. 565
III: Die jüngeren Metallkulturen. (Das Eisen als Kulturmetall. **Hallstatt-Latène-Kultur in Europa. Das erste**

Auftreten des Eisens in den anderen Erdteilen). 149 Seiten mit 60 Abbildungen. 1950 . . . . Bd. 566

Vorgeschichte Europas von *F. Behn*. Völlig neue Bearbeitung der 7. Auflage der „Urgeschichte der Menschheit“ von *M. Hoernes*. 125 Seiten mit 47 Abbildungen. 1949 . . . Bd. 42

Von den Karolingern zu den Staufern von *J. Haller*. Die altdeutsche Kaiserzeit (900—1250). 3. Auflage. 141 Seiten mit 4 Karten. 1944 . . . . Bd. 1065

Deutsche Geschichte im Zeitalter der Reformation, der Gegenreformation und des 30jährigen Krieges von *F. Hartung*. 129 Seiten. 1951 . . . . Bd. 1105

Deutsche Geschichte von 1648 bis zur Gegenwart von *W. Treue* (4 Bände). In Vorbereitung . . . . Bd. 35

Quellenkunde der deutschen Geschichte im Mittelalter (bis zur Mitte des 15. Jahrhunderts) von *K. Jacob* †.

I: Einleitung. Allgemeiner Teil. Die Zeit der Karolinger. 5. Auflage. 118 Seiten. 1949 . . . . Bd. 279

II: Die Kaiserzeit (911—1250). 4. Auflage. 127 Seiten. 1949 . . . . Bd. 280

III: Das Spätmittelalter (vom Interregnum bis 1500). Unter Verwendung der Hinterlassenschaft herausgegeben von *F. Weden*. 152 Seiten. 1952 . . . . Bd. 284

Badische Geschichte von *A. Krieger*. 137 Seiten. 1921 . . . Bd. 230

Geschichte Englands von *H. Preller*.

I: bis 1815. 3., stark umgearbeitete Auflage. 135 Seiten mit 7 Stammtafeln und 2 Karten im Text. 1952. . . . Bd. 375

II: von 1815 bis 1910. 2., völlig umgearb. Auflage. 118 S. mit 1 Stammtafel und 7 Karten im Text. 1954 . . Bd. 1088

Geschichte der Vereinigten Staaten von Amerika von *O. Graf zu Stolberg-Wernigerode*. 192 Seiten mit 10 Karten im Text. 1956. . . . . Bd. 1051/1051a

Deutsche Sprache und Literatur

Deutsches Rechtschreibungswörterbuch von *M. Gottschald*. 2., verbesserte Auflage. 269 Seiten. 1953 . . . . Bd. 200/200a

Deutsche Wortkunde von *A. Schirmer*. Eine kulturgeschichtliche Betrachtung des deutschen Wortschatzes. 3., durchgesehene Auflage. 109 Seiten. 1949 . . . . . Bd. 929

Deutsche Sprachlehre von *W. Hofstaetter*. 9., neubearbeitete Auflage von *G. Spree*. 144 Seiten. 1953 . . . . Bd. 20

Stimmkunde für Beruf, Kunst und Heilzwecke von *H. Biehle*. 111 Seiten. 1955 . . . . Bd. 60

Redetechnik von *H. Biehle*. Einführung in die Rhetorik. 115 Seiten. 1954 . . . . Bd. 61

Sprechen und Sprachpflege von *H. Feist*. (Die Kunst des Sprechens). 2., verbesserte Auflage. 99 Seiten mit 25 Abbildungen. 1952 . . . . Bd. 1122

Der Nibelunge Nôt in Auswahl mit kurzem Wörterbuch von *K. Langosch*. 9., umgearbeitete Auflage. 164 Seiten. 1953 Bd. 1

Deutsches Dichten und Denken von der germanischen bis zur staufischen Zeit von *H. Naumann*. (Deutsche Literaturgeschichte vom 5.—13. Jahrhundert). 2., verbesserte Auflage. 166 Seiten. 1952 . . . . Bd. 1121

Deutsches Dichten und Denken vom Mittelalter zur Neuzeit von *G. Müller* (1270—1700). 2., durchgesehene Auflage. 159 Seiten. 1949 . . . . Bd. 1086

Die deutschen Personennamen von *M. Gottschald.* 2., verbesserte Auflage. 151 Seiten. 1955 . . . . Bd. 422
Althochdeutsches Elementarbuch von *H. Naumann †* und *W. Betz.* 2. Auflage. 156 Seiten. 1954. . . . . Bd. 1111
Mittelhochdeutsche Grammatik von *H. de Boor* und *R. Wisniewski.* 139 Seiten. 1956 . . . . Bd. 1108

Indogermanisch · Germanisch

Gotisches Elementarbuch von *H. Hempel.* Grammatik, Texte mit Übersetzung und Erläuterungen. 2., umgearbeitete Auflage. 165 Seiten. 1953 . . . . Bd. 79
Germanische Sprachwissenschaft von *H. Krahe.*
I: Einleitung und Lautlehre. 3. Auflage. In Vorbereitung Bd. 238
II: Formenlehre. 2. Auflage. 140 Seiten .1948 . . . . . . Bd. 780
Altnordisches Elementarbuch von *F. Ranke.* Schrifttum, Sprache, Texte mit Übersetzung und Wörterbuch. 2., durchgesehene Auflage. 146 Seiten. 1949 . . . . Bd. 1115

Englisch · Französisch · Italienisch

Altenglisches Elementarbuch von *M. Lehnert.* Einführung, Grammatik, Texte mit Übersetzung und Wörterbuch. 3., verbesserte Auflage. 178 Seiten. 1955 . . . . Bd. 1125
Historische neuenglische Laut- und Formenlehre von *E. Ekwall.* 3., durchgesehene Auflage. 150 Seiten. 1956 . . Bd. 735
Englische Literaturgeschichte.
I: Die alt- und mittelenglische Periode von *F. Schubel.* 163 Seiten. 1954 . . . . Bd. 1114
II: Von der Renaissance bis zur Aufklärung von *Paul Meissner †.* 139 Seiten. 1937 . . . . Bd. 1116
III: Romantik und Viktorianismus von *Paul Meissner †.* 150 Seiten. 1938 . . . . Bd. 1124
IV: Das 20. Jahrhundert von *Paul Meissner †.* 150 Seiten. 1939 . . . . Bd. 1136
Beowulf von *M. Lehnert.* Eine Auswahl mit Einführung, teilweiser Übersetzung, Anmerkungen und etymologischem Wörterbuch. 2., verbesserte Auflage. 135 Seiten. 1949 Bd. 1135
Shakespeare von *P. Meissner †.* 2. Auflage, neubearbeitet von *M. Lehnert.* 136 Seiten. 1954 . . . . Bd. 1142
Romanische Sprachwissenschaft von *H. Lausberg.*
I: Einleitung und Vokalismus. 160 Seiten. 1956 . . Bd. 128/128a
II: Konsonantismus. 95 Seiten. 1956 . . . . Bd. 250
Italienische Literaturgeschichte von *K. Vossler †.* Unveränderter Nachdruck der 1927 erschienenen 4., durchgesehenen und verbesserten Auflage. 148 Seiten. 1948 Bd. 125

Griechisch · Lateinisch

Griechische Sprachwissenschaft von *W. Brandenstein.*
I: Einleitung, Lautsystem, Etymologie. 160 Seiten. 1954 Bd. 117
II: In Vorbereitung . . . . Bd. 118
Geschichte der griechischen Sprache
I: Bis zum Ausgang der klassischen Zeit. Von *O. Hoffmann †.* 3., umgearbeitete Auflage von *A. Debrunner.* 156 Seiten. 1954 . . . . Bd. 111
II: Grundfragen und Grundzüge d. nachklass. Griechisch. Von *A. Debrunner.* 144 Seiten. 1954 . . . . Bd. 114

Geschichte der griechischen Literatur von *W. Nestle*. 2., verbesserte Auflage.
I: Von den Anfängen bis auf Alexander d. Gr. 148 Seiten. 1950 . . . . Bd. 70
II: Von Alexander d. Gr. bis zum Ausgang der Antike. 128 Seiten. 1948 . . . . Bd. 557

Geschichte der lateinischen Sprache von *F. Stolz †*. 3., stark umgearbeitete Auflage von *A. Debrunner*. 136 Seiten. 1953 . . . . Bd. 492

Hebräisch · Sanskrit · Russisch

Hebräische Grammatik von *G. Beer †*. 2., völlig neubearbeitete Auflage von *R. Meyer*.
I: Schrift-, Laut- und Formenlehre I. 157 Seiten. 1952. Bd. 763/763a
II: Schrift-, Laut- und Formenlehre II. 195 Seiten. 1955 . . . . Bd. 764/764a

Sanskrit-Grammatik von *M. Mayrhofer*. 89 Seiten. 1953 . . Bd. 1158

Russische Grammatik von *G. Berneker*. 6., unveränderte Auflage von *M. Vasmer*. 155 Seiten. 1947 . . . . Bd. 66

Erd- und Länderkunde

Afrika von *F. Jaeger*. Ein geographischer Überblick. 2., umgearbeitete Auflage.
I: Der Lebensraum. 179 Seiten mit 18 Abbildungen. 1954 Bd. 910
II: Mensch und Kultur. 155 Seiten mit 6 Abbildungen. 1954 Bd. 911

Iberoamerika von *O. Quelle*. In Vorbereitung . . . . Bd. 856

Australien und Ozeanien von *H. J. Krug*. 176 Seiten mit 46 Skizzen. 1953 . . . . Bd. 319

Kartenkunde von *M. Eckert-Greifendorff †*. 3., durchgesehene Auflage von *W. Kleffner*. 149 Seiten mit 63 Abb. 1950 Bd. 30

Volkswirtschaft · Publizistik

Allgemeine Betriebswirtschaftslehre von *K. Mellerowicz*. 9., unveränderte Auflage. 1956.
I: 142 Seiten . . . . Bd. 1008
II: 112 Seiten. Bd. 1153
III: 143 Seiten. Bd. 1154

Allgemeine Volkswirtschaftslehre von *A. Paulsen*.
I: Grundlegung, Wirtschaftskreislauf. 138 Seiten mit 11 Abbildungen. 1956. . . . . Bd. 1169
II: Haushalte, Unternehmungen, Marktformen. In Vorbereitung . . . . Bd. 1170
III: Produktionsfaktoren, Geldwesen. In Vorbereitung . . Bd. 1171
IV: Konjunktur, Außenhandel, staatliche Aktivität. In Vorbereitung . . . . Bd. 1172

Zeitungslehre von *E. Dovifat*. 3., neubearbeitete Auflage. 1955.
I: Theoretische und rechtliche Grundlagen, Nachricht und Meinung, Sprache und Form. 148 Seiten. 1955 . . . . Bd. 1039
II: Redaktion, Die Sparten, Verlag und Vertrieb, Wirtschaft und Technik, Sicherung der öffentlichen Aufgabe. 158 Seiten. 1955 . . . . Bd. 1040

Naturwissenschaften

Mathematik

Geschichte der Mathematik von *J. E. Hofmann.*
I: Von den Anfängen bis zum Auftreten von Fermat und Descartes. 200 Seiten. 1953 . . . . Bd. 226

Mathematische Formelsammlung von *F. Ringleb.* Vollständig umgearbeitete Neuausgabe des Werkes von *O. Th. Bürklen.* 6., durchgesehene Aufl. 274 Seiten mit 57 Figuren. 1956. In Vorbereitung . . . . Bd. 51

Fünfstellige Logarithmen von *A. Adler.* Mit mehreren graphischen Rechentafeln und häufig vorkommenden Zahlwerten. 2. Auflage. Neudruck. 127 Seiten mit 1 Tafel. 1949 . . . . Bd. 423

Höhere Algebra von *H. Hasse.* 3., verbesserte Auflage.
I: Lineare Gleichungen. 152 Seiten. 1951 . . . . Bd. 931
II: Gleichungen höheren Grades. 158 Seiten mit 5 Figuren. 1951 . . . . Bd. 932

Aufgabensammlung zur höheren Algebra von *H. Hasse* und *W. Klobe.* 2., verbesserte und vermehrte Auflage. 181 Seiten. 1952 . . . . Bd. 1082

Elementare und klassische Algebra vom modernen Standpunkt von *W. Krull.* 2., erweiterte Auflage.
I: 136 Seiten. 1952 . . . . Bd. 930

Einführung in die Zahlentheorie von *A. Scholz †.* 2. Auflage, überarbeitet von *B. Schoeneberg.* 128 Seiten. 1955 . . . Bd. 1131

Elemente der Funktionentheorie von *K. Knopp.* 4. Auflage. 144 Seiten mit 23 Fig. 1955 . . . . Bd. 1109

Funktionentheorie von *K. Knopp.* 8. Auflage.
I: Grundlagen der allgemeinen Theorie der analytischen Funktionen. 139 Seiten mit 8 Fig. 1955 . . . . . . Bd. 668
II: Anwendungen und Weiterführung der allgemeinen Theorie. 130 Seiten mit 7 Fig. 1955 . . . . Bd. 703

Aufgabensammlung zur Funktionentheorie von *K. Knopp.* 4. Auflage.
I: Aufgaben zur elementaren Funktionentheorie. 135 Seiten. 1949 . . . . Bd. 877
II: Aufgaben zur höheren Funktionentheorie. 151 Seiten. 1949 . . . . Bd. 878

Repetitorium und Aufgabensammlung zur Differentialrechnung von *A. Witting †.* 2., neubearbeitete Auflage. Durchgesehener Neudruck. 145 Seiten. 1949 . . . . Bd. 146

Repetitorium und Aufgabensammlung zur Integralrechnung von *A. Witting †.* 2., neubearbeitete Auflage. Durchgesehener Neudruck. 121 Seiten mit 32 Figuren und 309 Beispielen. 1949 . . . . Bd. 147

Gewöhnliche Differentialgleichungen von *G. Hoheisel.* 4., neubearbeitete Auflage. 129 Seiten. 1951 . . . . Bd. 920

Partielle Differentialgleichungen von *G. Hoheisel.* 3., neubearbeitete Auflage. 130 Seiten. 1953 . . . . Bd. 1003

Aufgabensammlung zu den gewöhnlichen und partiellen Differentialgleichungen von *G. Hoheisel.* 2., umgearbeitete Auflage. 124 Seiten. 1952 . . . . Bd. 1059

Mengenlehre von *E. Kamke,* 3., neubearbeitete Auflage. 194 Seiten mit 6 Figuren. 1955 . . . . **Bd. 999/999a**

Darstellende Geometrie von *W. Haack.*
I: Die wichtigsten Darstellungsmethoden. Grund- und Aufriß ebenflächiger Körper. 110 Seiten mit 117 Abbildungen. 1954 . . . . Bd. 142
II: Körper mit krummen Begrenzungsflächen. Kotierte Projektionen. 129 Seiten mit 86 Abbildungen. 1954 . . Bd. 143
III: Axonometrie. Perspektive. Photogrammetrie. In Vorbereitung . . . . Bd. 144
Sammlung von Aufgaben und Beispielen zur analytischen Geometrie der Ebene von *R. Haussner †.* Mit den vollständigen Lösungen. 139 Seiten mit 22 Figuren im Text. Neudruck. 1949 . . . . Bd. 256
Nichteuklidische Geometrie von *R. Baldus †.* Hyperbolische Geometrie der Ebene. 3., verbesserte Auflage, durchgesehen und herausgegeben von *F. Löbell.* 140 Seiten mit 70 Figuren im Text. 1953 . . . . Bd. 970
Differentialgeometrie von *K. Strubecker* (früher Rothe).
I: Kurventheorie der Ebene und des Raumes. 150 Seiten mit 18 Figuren. 1955 . . . . Bd. 1113/1113a
Einführung in die konforme Abbildung von *L. Bieberbach.* 4. Auflage. 147 Seiten mit 42 Zeichnungen. 1949 . . . Bd. 768
Vektoranalysis von *S. Valentiner.* Neudruck der 7. Auflage (1950). 138 Seiten mit 19 Figuren. 1954 . . . . . . Bd. 354
Vermessungskunde von *P. Werkmeister.*
I: Stückmessung und Nivellieren. 9. Auflage. 165 Seiten mit 145 Figuren. 1949 . . . . Bd. 468
II: Messung von Horizontalwinkeln. Festlegung von Punkten im Koordinatensystem. Absteckungen. 7. Auflage. 151 Seiten mit 93 Figuren. 1949 . . . . Bd. 469
III: Trigonometrische und barometrische Höhenmessung. Tachymetrie und Topographie. 6. Auflage. 147 Seiten mit 64 Figuren. 1949 . . . . Bd. 862
Versicherungsmathematik von *F. Böhm.*
I: Elemente der Versicherungsrechnung. 3., vermehrte und verbesserte Auflage. Durchgesehener Neudruck. 151 Seiten. 1954 . . . . Bd. 180
II: Lebensversicherungsmathematik. Einführung in die technischen Grundlagen der Sozialversicherung. 2., verbesserte Auflage. 205 Seiten. 1953 . . . . Bd. 917/917a

Physik

Einführung in die theoretische Physik von *W. Döring.*
I: Mechanik. 119 Seiten mit 29 Abbildungen. 1954 . . Bd. 76
II: Das elektromagnetische Feld. 123 Seiten mit 15 Abbildungen. 1955 . . . . Bd. 77
III: Optik. 117 Seiten mit 32 Abbildungen. 1956 . . . . Bd. 78
IV: Thermodynamik. Mit 9 Abbildungen. In Vorbereitung Bd. 374
Atomphysik von *K. Bechert* u. *Ch. Gerthsen.* 3., umgearb. Aufl.
I: Allgemeine Grundlagen. I. Teil von *Ch. Gerthsen.* 123 Seiten mit 35 Abbildungen. 1955 . . . . Bd. 1009
II: Allgemeine Grundlagen. II. Teil von *Ch. Gerthsen.* 112 Seiten mit 48 Abbildungen. 1955 . . . . Bd. 1033
III: Theorie des Atombaus. I. Teil von *K. Bechert.* 148 Seiten mit 16 Abbildungen. 1954 . . . . . Bd. 1123/1123a
IV: Theorie des Atombaus. 2. Teil von *K. Bechert.* 170 Seiten mit 14 Abbildungen. 1954 . . . . Bd. 1165/1165a

Differentialgleichungen der Physik von *F. Sauter.* 2. Auflage. 148 Seiten mit 16 Figuren. 1950 . . . . Bd. 1070

Physikalische Formelsammlung von *G. Mahler* und *K. Mahler.* 9., durchgesehene Auflage. 153 Seiten mit 69 Figuren. 1955 . . . . Bd. 136

Physikalische Aufgabensammlung von *G. Mahler* u. *K. Mahler.* Mit den Ergebnissen. 8., durchgesehene Auflage. 127 Seiten. 1955 . . . . Bd. 243

Chemie

Geschichte der Chemie von *G. Lockemann.* In kurzgefaßter Darstellung.
I: Vom Altertum bis zur Entdeckung des Sauerstoffs. 142 Seiten mit 8 Bildnissen. 1950 . . . . Bd. 264
II: Von der Entdeckung des Sauerstoffs bis zur Gegenwart. 151 Seiten mit 16 Bildnissen. 1955 . . . . Bd. 265/265a

Anorganische Chemie von *W. Klemm.* 8. Auflage. 184 Seiten mit 18 Abbildungen. 1954 . . . . Bd. 37

Organische Chemie von *W. Schlenk.* 6., erweiterte Auflage. 263 Seiten. 1954 . . . . Bd. 38/38a

Allgemeine und physikalische Chemie von *W. Schulze.* 4., neubearbeitete Auflage.
I: 139 Seiten mit 10 Figuren. 1955 . . . . Bd. 71
II: 177 Seiten mit 37 Figuren. 1956 . . . . Bd. 698 698a
III: 1956. In Vorbereitung . . . . Bd. 786

Analytische Chemie von *J. Hoppe.* 5., verbesserte Auflage.
I: Reaktionen. 135 Seiten. 1950 . . . . Bd. 247
II: Gang der qualitativen Analyse. 166 Seiten. 1950 . . Bd. 248

Maßanalyse von *G. Jander* und *K. J. Jahr.* Theorie und Praxis der klassischen und der elektrochemischen Titrierverfahren. 7. Auflage.
I: Grundlagen. Oxydations- und Reduktionsanalysen. In Vorbereitung . . . . Bd. 221
II: Neutralisations- und Fällungsanalysen. In Vorbereitung Bd. 1002
III: Komplexometrie. Konduktometrie. Potentiometrie. In Vorbereitung . . . . Bd. 1004

Thermochemie von *W. A. Roth.* 2., verbesserte Auflage. 109 Seiten mit 16 Figuren. 1952 . . . . Bd. 1057

Physikalisch-chemische Rechenaufgaben von *E. Asmus.* 2. Auflage. 96 Seiten. 1949 . . . . Bd. 445

Stöchiometrische Aufgabensammlung von *W. Bahrdt* und *R. Scheer.* Mit den Ergebnissen. 5., verbesserte Auflage. 120 Seiten. 1952 . . . . Bd. 452

Elektrochemie und ihre physikalisch-chemischen Grundlagen von *A. Dassler.*
I: 149 Seiten mit 21 Abbildungen. 1950. . . . . Bd. 252
II: 178 Seiten mit 17 Abbildungen. 1950. . . . . Bd. 253

Technologie

Warenkunde von *K. Hassak†* und *E. Beutel†.* 7. Auflage. Neubearbeitet von *A. Kutzelnigg.*
I: Anorganische Waren sowie Kohle und Erdöl. 116 Seiten mit 19 Figuren. 1947 . . . . Bd. 222
II: Organische Waren. 143 Seiten mit 32 Figuren. 1949 . Bd. 223

Die Fette und Öle von *K. Braun†.* 5., völlig neubearbeitete und verbesserte Auflage von *Th. Klug.* 145 Seiten. 1950 Bd. 335

Die Seifenfabrikation von *K. Braun†*. 3., neubearbeitete und verbesserte Auflage von *Th. Klug*. 116 Seiten mit 18 Abbildungen. 1953 . . . . Bd. 336

Textilindustrie.

I: Spinnerei und Zwirnerei von *A. Blümcke*. 112 Seiten mit 43 Abbildungen. 1954 . . . . Bd. 184

Biologie

Einführung in die allgemeine Biologie von *M. Hartmann*. In Vorbereitung . . . . Bd. 96

Hormone von *G. Koller*. 2., neubearbeitete und erweiterte Auflage. 187 Seiten mit 60 Abb. und 19 Tabellen. 1949 . Bd. 1141

Fortpflanzung im Tier- und Pflanzenreich von *J. Hämmerling*. 2., ergänzte Auflage. 135 Seiten mit 101 Abb. 1951 . Bd. 1138

Geschlecht und Geschlechtsbestimmung im Tier- und Pflanzenreich von *M. Hartmann*. 2., verbesserte Auflage. 116 Seiten mit 61 Abbildungen und 7 Tabellen. 1951. . Bd. 1127

Grundriß der allgemeinen Mikrobiologie von *W. Schwartz*.

I: 104 Seiten mit 17 Abbildungen. 1949. . . . . Bd. 1155

II: 93 Seiten mit 12 Abbildungen. 1949. . . . . Bd. 1157

Symbiose der Tiere mit pflanzlichen Mikroorganismen von *P. Buchner*. 2., verbesserte und vermehrte Auflage. 130 Seiten mit 121 Abbildungen. 1949 . . . . Bd. 1128

Botanik

Entwicklungsgeschichte des Pflanzenreiches von *H. Heil*. 2. Auflage. 138 Seiten mit 94 Abbildungen und 1 Tabelle. 1950 Bd. 1137

Morphologie der Pflanzen von *L. Geitler*. 3. Auflage. 126 Seiten mit 114 Abbildungen. 1953 . . . . Bd. 141

Pflanzenzüchtung von *H. Kuckuck*. 3., völlig umgearbeitete Auflage.

I: Grundzüge der Pflanzenzüchtung. 132 Seiten mit 22 Abbildungen. 1952 . . . . Bd. 1134

Die Laubhölzer von *F. W. Neger†* und *E. Münch†*. Kurzgefaßte Beschreibung der in Mitteleuropa gedeihenden Laubbäume und Sträucher. 3., durchgesehene Auflage, herausgegeben von *B. Huber*. 143 Seiten mit 63 Figuren und 7 Tabellen. 1950 . . . . Bd. 718

Die Nadelhölzer (Koniferen) und übrigen Gymnospermen von *F. W. Neger†* und *E. Münch†*. 4. Auflage. Durchgesehen und ergänzt von *B. Huber*. 140 Seiten mit 75 Figuren, 4 Tabellen und 3 Karten. 1952 . . . . Bd. 355

Zoologie

Entwicklungsphysiologie der Tiere von *F. Seidel*.

I: Ei und Furchung. 126 Seiten mit 29 Abbildungen. 1953 . . . . Bd. 1162

II: Körpergrundgestalt und Organbildung. 159 Seiten mit 42 Abbildungen. 1953 . . . . Bd. 1163

Das Tierreich.

Fische von *D. Lüdemann*. 130 Seiten mit 65 Abbildungen. 1955 . . . . Bd. 356

Insekten von *H. von Lengerken*. 128 Seiten mit 58 Abbildungen. 1953 . . . . Bd. 594

Lurche von *K. Herter*. 140 Seiten mit 129 Abbild. 1955 Bd. 847
Spinnentiere von *A. Kaestner*. 96 S. mit 55 Abb. 1955 Bd. 1161
Würmer von *S. Jaeckel*. 112 Seiten mit 36 Abbild. 1955 Bd. 439
Weichtiere von *S. Jaeckel*. 92 Seiten mit 34 Abbildungen. 1954 . . . . Bd. 440
Stachelhäuter von *S. Jaeckel*. 100 Seiten mit 46 Abbildungen. 1955 . . . . Bd. 441
Schwämme und Hohltiere von *H. J. Hannemann*. 95 Seiten mit 80 Abbildungen. 1956 . . . . Bd. 442
Krebse von *H. E. Gruner* und *K. Deckert*. Mit 43 Abbildungen. 1956. In Vorbereitung . . . . Bd. 443
Protozoa von *E. Reichenow*. 1956. In Vorbereitung Bd. 444

Vergleichende Physiologie der Tiere von *K. Herter*. 3. Auflage der „Tierphysiologie".
I: Stoff- und Energiewechsel. 155 Seiten mit 64 Abbild. 1950 . . . . Bd. 972
II: Bewegung und Reizerscheinungen. 148 Seiten mit 110 Abbildungen. 1950 . . . . Bd. 973

Land- und Forstwirtschaft

Landwirtschaftliche Tierzucht von *H. Vogel*. Die Züchtung und Haltung der landwirtschaftlichen Nutztiere. 139 Seiten mit 11 Abbildungen. 1952 . . . . Bd. 228

Kulturtechnische Bodenverbesserungen von *O. Fauser*. 4., neubearbeitete Auflage.
I: Allgemeines, Entwässerung. 122 Seiten mit 47 Abbildungen. 1947 . . . . Bd. 691
II: Bewässerung, Ödlandkultur, Umlegung. 150 Seiten mit 67 Abbildungen. 1949 . . . . Bd. 692

Agrikulturchemie von *K. Scharrer*.
I: Pflanzenernährung. 143 Seiten. 1953 . . . . Bd. 329
II: Futtermittelkunde. 1956. In Vorbereitung . . . . . Bd. 330

Geologie · Mineralogie · Kristallographie

Kristallographie von *W. Bruhns†* und *P. Ramdohr*. 4. Auflage. 106 Seiten mit 163 Abbildungen. 1954 . . . . Bd. 210

Einführung in die Kristalloptik von *E. Buchwald*. 4., verbess. Auflage. 138 Seiten mit 121 Figuren. 1952 . . . . . Bd. 619

Lötrohrprobierkunde von *M. Henglein*. Mineraldiagnose mit Lötrohr- und Tüpfelreaktion. 3., verbesserte Auflage. 91 Seiten mit 11 Figuren. 1949 . . . . Bd. 483

Mineral- und Erzlagerstättenkunde von *H. Huttenlocher †*.
I: 128 Seiten mit 34 Abbildungen. 1954. . . . . Bd. 1014
II: 156 Seiten mit 48 Abbildungen. 1954. . . . . Bd. 1015/1015a

Allgemeine Mineralogie von *R. Brauns †* und *K. F. Chudoba*. 9., erweiterte Auflage der „Mineralogie" von *Brauns-Chudoba*. 104 Seiten mit 107 Figuren, 1 Tafel, 2 Tabellen. 1955 . . . . Bd. 29

Spezielle Mineralogie von *R. Brauns †* und *K. F. Chudoba*. 9., erweiterte Auflage der „Mineralogie" von *Brauns-Chudoba*. 133 Seiten mit 105 Figuren. 1955 . . . . . Bd. 31

Petrographie. Von *W. Bruhns†* und *P. Ramdohr*. 4., durchgesehene Auflage. 104 Seiten mit 10 Figuren. 1955 . . Bd. 173

Geologie von *F. Lotze*. 176 Seiten mit 80 Abbildungen. 1955 . . Bd. 13

Technik

Elektrotechnik

Grundlagen der Elektrotechnik von *O. Mohr*. 2 Bände. In Vorbereitung . . . . Bd. 196/197

Die Gleichstrommaschine von *K. Humburg*. Durchgesehener Neudruck.
I: 102 Seiten mit 59 Abbildungen. 1949. . . . . Bd. 257
II: 98 Seiten mit 38 Abbildungen. 1949 . . . . Bd. 881

Die synchrone Maschine von *K. Humburg*. Neudruck. 109 Seiten mit 78 Bildern. 1951 . . . . Bd. 1146

Induktionsmaschinen von *F. Unger*. 2., erweiterte Auflage. 142 Seiten mit 49 Abbildungen. 1954. . . . . Bd. 1140

Die komplexe Berechnung von Wechselstromschaltungen von *H. H. Meinke*. 160 Seiten mit 114 Abbildungen. 1949 . Bd. 1156

Theoretische Grundlagen zur Berechnung der Schaltgeräte von *F. Kesselring*. 3. Auflage. 144 Seiten mit 92 Abbildungen. 1950 . . . . Bd. 711

Einführung in die Technik selbsttätiger Regelungen von *W. zur Megede*. 1956. In Vorbereitung . . . . Bd. 714/714a

Elektromotorische Antriebe (Grundlagen für die Berechnung) von *A. Schwaiger*. 3., neubearbeitete Auflage. 96 Seiten mit 34 Abbildungen. 1952 . . . . Bd. 827

Technische Tabellen und Formeln von *W. Müller*. 4., verbesserte und erweiterte Auflage von *E. Schulze*. 152 Seiten mit 105 Figuren. 1951 . . . . Bd. 579

Überspannungen und Überspannungsschutz von *G. Frühauf*. Durchgesehener Neudruck. 122 Seiten mit 98 Abbildungen. 1950 . . . . Bd. 1132

Maschinenbau

Metallkunde. Einführendes über Aufbau, Eigenschaften und Untersuchung von Metallen und Legierungen sowie über Grundlagen des Schmelzens, des Gießens, des Verformens, der Wärmebehandlung, der Oberflächenbehandlung, der Verbinde- und Trennarbeiten von *H. Borchers*.
I: Aufbau der Metalle und Legierungen. 3. Auflage. 1956. In Vorbereitung . . . . Bd. 432
II: Eigenschaften. Grundzüge der Form- und Zustandsgebung. 2. Auflage. 154 Seiten mit 8 Tabellen und 100 Abbildungen. 1952 . . . . Bd. 433

Die Werkstoffe des Maschinenbaues von *A. Thum* und *C. M. Freiherr von Meysenbug*.
I: 1956. In Vorbereitung . . . . Bd. 476

Dynamik von *W. Müller*. 2., verbesserte Auflage.
I: Dynamik des Einzelkörpers. 128 Seiten mit 48 Figuren. 1952 . . . . Bd. 902
II: Systeme von starren Körpern. 102 Seiten mit 41 Figuren. 1952 . . . . Bd. 903

Technische Schwingungslehre von *L. Zipperer*. 2., neubearbeitete Auflage.

I: Allgemeine Schwingungsgleichungen, einfache Schwinger. 120 Seiten mit 101 Abbildungen. 1953 . . . . . Bd. 953
II: Torsionsschwingungen in Maschinenanlagen. 102 Seiten mit 59 Abbildungen. 1955 . . . . Bd. 961/961a

Transformatoren von *W. Schäfer*. 2. Auflage mit 74 Abbildungen. 1956. In Vorbereitung . . . . Bd. 952

Werkzeugmaschinen für Metallbearbeitung von *K. P. Matthes*.
I: 110 Seiten mit 27 Abbildungen, 11 Zahlentafeln im Text und 1 Tafelanhang. 1954 . . . . Bd. 561
II: Fertigungstechnische Grundlagen der neuzeitlichen Metallbearbeitung. 101 Seiten mit 30 Abbildungen und 5 Tafeln im Text. 1955 . . . . Bd. 562

Die Maschinenelemente von *E. A. vom Ende*. 3., verbesserte Auflage. Mit 175 Figuren und 9 Tafeln. 1956. In Vorbereitung . . . . Bd. 3

Das Maschinenzeichnen mit Einführung in das Konstruieren von *W. Tochtermann*. 4. Auflage.
I: Das Maschinenzeichnen. 156 Seiten mit 77 Tafeln. 1950 Bd. 589
II: Ausgeführte Konstruktionsbeispiele. 130 Seiten mit 58 Tafeln. 1950 . . . . Bd. 590

Getriebelehre von *P. Grodzinski*. 2., neubearbeitete Auflage.
I: Geometrische Grundlagen. 159 Seiten mit 142 Figuren. 1953 . . . . Bd. 1061

Gießereitechnik von *H. Jungbluth*.
I: Eisengießerei. 126 Seiten mit 44 Abbildungen. 1951 . . Bd. 1159

Die Dampfkessel und Feuerungen einschließlich Hilfseinrichtungen in Theorie, Konstruktion und Berechnung von *W. Marcard †*. 2. Auflage. Neubearbeitet von *K. Beck*.
I: Die theoretischen Grundlagen. Wärme, Verbrennung, Wärmeübertragung. 150 Seiten mit 42 Abbildungen und 16 Tabellen. 1951 . . . . Bd. 9
II: Dampfkessel. 147 Seiten mit 43 Abbildungen. 1952 . . Bd. 521

Dampfturbinen von *C. Zietmann*. 3., verbesserte Auflage.
I: Theorie der Dampfturbinen. 140 Seiten mit 48 Abbildungen. 1955 . . . . Bd. 274
II: Die Berechnung der Dampfturbinen und die Konstruktion der Einzelteile. 134 Seiten mit 111 Abbildungen. 1956 . . . . Bd. 715
III: Ihre Wirkungsweise, Berechnung und Konstruktion. Mit 90 Abbildungen. 1956. In Vorbereitung . . . . . Bd. 716

Industrielle Kraft- und Wärmewirtschaft von *F. A. F. Schmidt*. 1956. In Vorbereitung. . . . . Bd. 318/318a

Technische Thermodynamik von *W. Nusselt*.
I: Grundlagen. 4., verbesserte Auflage. 144 Seiten mit 71 Abbildungen. 1956. In Vorbereitung . . . . Bd. 1084
II: Theorie der Wärmekraftmaschinen. Neudruck. 144 Seiten mit 87 Abbildungen und 32 Zahlentafeln. 1951 . . Bd. 1151

Autogenes Schweißen und Schneiden von *H. Niese*. 5. Auflage. Neubearbeitet von *A. Küchler*. 136 Seiten mit 71 Figuren. 1954 . . . . Bd. 499

Die elektrischen Schweißverfahren von *H. Niese*. 2. Auflage. Neubearbeitet von *H. Dienst*. 136 Seiten mit 58 Abbildungen. 1955 . . . . Bd. 1020

Hebezeuge von *G. Tafel*.
I: 2., verbesserte Auflage. 276 Seiten mit 230 Figuren. 1954 . . . . Bd. 414/414a

Wasserbau

Wasserkraftanlagen von *A. Ludin.*
I: Planung, Grundlagen und Grundzüge. 124 Seiten mit 60 Abbildungen. 1955 . . . . Bd. 665
II: In Vorbereitung . . . . Bd. 666

Verkehrswasserbau von *H. Dehnert.*
I: Entwurfsgrundlagen, Flußregelungen. 103 Seiten mit 52 Textabbildungen. 1950 . . . . Bd. 585
II: Flußkanalisierungen und Schiffahrtskanäle. 94 Seiten mit 60 Textabbildungen. 1950 . . . . Bd. 597
III: Schleusen und Hebewerke. 98 Seiten mit 70 Textabbildungen. 1950 . . . . Bd. 1152

Talsperren von *F. Tölke.* 122 Seiten mit 70 Abbildungen. 1953 Bd. 1044

Wehr- und Stauanlagen von *H. Dehnert.* 134 Seiten mit 90 Abbildungen. 1952 . . . . Bd. 965

Hoch- und Tiefbau

Festigkeitslehre von *W. Gehler †* und *W. Herberg.*
I: Elastizität, Plastizität und Festigkeit der Baustoffe und Bauteile. Durchgesehener und erweiterter Neudruck. 159 Seiten mit 18 Bildern. 1952 . . . . Bd. 1144
II: Formänderung, Platten, Stabilität und Bruchhypothesen. Bearb. von *W. Herberg* und *N. Dimitrov.* 187 Seiten mit 94 Bildern. 1955 . . . . Bd. 1145/1145a

Statik der Baukonstruktionen von *A. Teichmann.*
I: Grundlagen. 101 Seiten mit 51 Abbildungen und 8 Formentafeln. 1956 . . . . Bd. 119

Grundlagen des Stahlbetonbaus von *A. Troche.* 2., neubearbeitete und erweiterte Auflage. 208 Seiten mit 75 Abbildungen, 17 Bemessungstafeln und 20 Rechenbeispielen. 1953 . . . . Bd. 1078

Fenster, Türen, Tore aus Holz und Metall. Eine Anleitung zu ihrer guten Gestaltung, wirtschaftlichen Bemessung und handwerksgerechten Konstruktion von *W. Wickop.* 4., überarbeitete Auflage. 155 Seiten mit 95 Abbildungen 1955 . . . . Bd. 1092

Die wichtigsten Baustoffe des Hoch- und Tiefbaus von *O. Graf.* 4., verbesserte Auflage. 131 Seiten mit 63 Abbildungen. 1953 . . . . Bd. 984

Baustoffverarbeitung und Baustellenprüfung des Betons von *A. Kleinlogel.* 2., neubearbeitete und erweiterte Auflage. 126 Seiten mit 35 Abbildungen. 1951 . . . . . Bd. 978

Heizung und Lüftung von *J. Körting †* und *W. Körting.* 8., neubearbeitete Auflage.
I: Das Wesen und die Berechnung der Heizungs- und Lüftungsanlagen. 140 Seiten mit 29 Abbildungen und 18 Zahlentafeln. 1951 . . . . Bd. 342
II: Die Ausführung der Heizungs- und Lüftungsanlagen. 152 Seiten mit 165 Abbildungen und 7 Zahlentafeln. 1954 . . . . Bd. 343

SAMMLUNG GÖSCHEN - BANDNUMMERNFOLGE

1 Langosch, Der Nibelunge Nôt
3 vom Ende, Maschinenelemente
9 Marcard-Beck, Dampfkessel I
13 Lotze, Geologie
20 Hofstaetter-Spree, Dt. Sprachlehre
29 Brauns-Chudoba, Allg. Mineralogie
30 Eckert-Greifendorff-Kleffner, Kartenkunde
31 Brauns-Chudoba, Spez. Mineralogie
35 Treue, Deutsche Geschichte
37 Klemm, Anorganische Chemie
38/38a Schlenk, Organ. Chemie
42 Behn, Vorgeschichte Europas
51 Bürklen-Ringleb, Mathematische Formelsammlung
60 Biehle, Stimmkunde
61 Biehle, Redetechnik
66 Berneker-Vasmer, Russische Grammatik
70 Nestle, Griech. Literaturgesch. I
71 Schulze, Allgem. und physikalische Chemie I
76 Döring, Einführg. i. d. theoret. Physik I
77 Döring, Einführg. i. d. theoret. Physik II
78 Döring, Einführg. i. d. theoret. Physik III
79 Hempel, Got. Elementarbuch
80 Weigert, Stilkunde I
96 Hartmann, Allg. Biologie
101 v. Wiese, Soziologie
103 Dahrendorf, Industrie- und Betriebssoziologie
104/104a Hofstätter, Sozialpsychol.
111 Hoffmann-Debrunner, Geschichte der griech. Sprache I
114 Debrunner, Geschichte der griech. Sprache II
117 Brandenstein, Griechische Sprachwissenschaft I
118 Brandenstein, Griechische Sprachwissenschaft II
119 Teichmann, Statik der Baukonstruktionen
125 Vossler, Italienische Literaturgeschichte
128/128a Lausberg, Roman. Sprachwiss. I
136 Mahler, Physikalische Formelsammlung
141 Geitler, Morphologie der Pflanzen
142 Haack, Darst. Geometrie I
143 Haack, Darst. Geometrie II
144 Haack, Darst. Geometrie III
145 Weimer, Geschichte der Pädagogik
146 Witting, Repetitorium und Aufgabensammlung zur Differentialrechnung
147 Witting, Repetitorium und Aufgabensammlung zur Integralrechnung
156/156a Landmann, Philosoph. Anthropologie
170 Oehlmann, Musik des 19. Jahrhunderts
173 Bruhns-Ramdohr, Petrographie
180 Böhm, Versicherungsmathematik I
184 Blümcke, Spinnerei und Zwirnerei
196 Mohr, Grundlagen der Elektrotechnik I
197 Mohr, Grundlagen der Elektrotechnik II
200/200a Gottschald, Dt. Rechtschreibungswörterbuch
210 Bruhns-Ramdohr, Kristallographie
220/220a Moser, Allgemeine Musiklehre
221 Jander-Jahr, Maßanalyse I
222 Hassak-Beutel, Warenkunde I
223 Hassak-Beutel, Warenkunde II
226 Hofmann, Geschichte der Mathematik I
228 Vogel, Landw. Tierzucht
230 Krieger, Bad. Geschichte
238 Krahe, German. Sprachwiss. I
243 Mahler, Physikal. Aufgabensammlung
247 Hoppe, Analytische Chemie I
248 Hoppe, Analytische Chemie II
250 Lausberg, Roman. Sprachwiss. II
252 Dassler, Elektrochemie I
253 Dassler, Elektrochemie II
256 Haussner, Aufgabensammlung zur analytischen Geometrie der Ebene
257 Humburg, Die Gleichstrommaschine I

264 Lockemann, Geschichte der Chemie I
265/265a Lockemann, Geschichte der Chemie II
270 Kirn, Einführung in die Geschichtswissenschaft
274 Zietemann, Dampfturbinen I
279 Jacob, Quellenkunde der deutschen Geschichte I
280 Jacob, Quellenkunde der deutschen Geschichte II
281 Leisegang, Einführung in die Philosophie
284 Jacob-Weden, Quellenkunde der deutschen Geschichte III
318/318a Schmidt, Industrielle Kraft- und Wärmewirtschaft
319 Krug, Australien und Ozeanien
329 Scharrer, Agrikulturchemie I
330 Scharrer, Agrikulturchemie II
335 Braun-Klug, Fette und Öle
336 Braun-Klug, Seifenfabrikation
342 Körting, Heizung und Lüftung I
343 Körting, Heizung und Lüftung II
344 Moser, Musikästhetik
354 Valentiner, Vektoranalysis
355 Neger-Münch, Nadelhölzer
356 Lüdemann, Fische
374 Döring, Einführung in die theoretische Physik IV
375 Preller, Geschichte Englands I
394/394a Schilling, Von der Renaissance bis Kant
414/414a Tafel, Hebezeuge I
422 Gottschald, Dt. Personennamen
423 Adler, Fünfstell. Logarithmen
432 Borchers, Metallkunde I
433 Borchers, Metallkunde II
439 Jaeckel, Würmer
440 Jaeckel, Weichtiere
441 Jaeckel, Stachelhäuter
442 Hannemann, Schwämme und Hohltiere
443 Gruner-Deckert, Krebse
444 Reichenow, Protozoa
445 Asmus, Physikal.-chemische Rechenaufgaben
452 Bahrdt-Scheer, Stöchiometrische Aufgabensammlung
468 Werkmeister, Vermessungskunde I
469 Werkmeister, Vermessungskunde II
476 Thum-Meysenburg, Die Werkstoffe des Maschinenbaues I
483 Henglein, Lötrohrprobierkunde
492 Stolz-Debrunner, Geschichte der lateinischen Sprache
499 Niese, Autogen. Schweißen
500 Simmel, Hauptprobleme der Philosophie
521 Marcard-Beck, Dampfkessel und Feuerungen II
536 Lehmann, Kant
538 Rumpf, Archäologie I
539 Rumpf, Archäologie II
557 Nestle, Griechische Literaturgeschichte II
561 Matthes, Werkzeugmaschinen I
562 Matthes, Werkzeugmasch. II
564 Behn, Kultur der Urzeit I
565 Behn, Kultur der Urzeit II
566 Behn, Kultur der Urzeit III
571 Lehmann, Philosophie des 19. Jahrhunderts
576/576a Moser, Gesangskunst
579 Müller-Schulze, Techn. Tabellen
585 Dehnert, Verkehrswasserbau I
589 Tochtermann, Maschinenzeichnen I
590 Tochtermann, Maschinenzeichnen II
594 Lengerken, Insekten
597 Dehnert, Verkehrswasserbau II
619 Buchwald, Kristalloptik
665 Ludin, Wasserkraftanlagen I
666 Ludin, Wasserkraftanlagen II
668 Knopp, Funktionentheorie I
691 Fauser, Kulturtechn. Bodenverbesserungen I
692 Fauser, Kulturtechn. Bodenverbesserungen II
698/698a Schulze, Allgemeine und physikalische Chemie II
703 Knopp, Funktionentheorie II
709 Lehmann, Philosophie des 19. Jahrhunderts II
711 Kesselring, Berechnung der Schaltgeräte
714/714a zur Megede, Einführung in die Technik selbsttätiger Regelungen
715 Zietemann, Dampfturbinen II
716 Zietemann, Dampfturbinen III
718 Neger-Münch, Laubhölzer
735 Ekwall, Hist. neuengl. Laut- und Formenlehre
763/763a Beer-Meyer, Hebräische Grammatik I
764/764a Beer-Meyer, Hebräische Grammatik II

768 Bieberbach, Einführung in die konforme Abbildung
780 Krahe, Germ. Sprachwiss. II
781 Weigert, Stilkunde II
786 Schulze, Molekülbau
807 Kropp, Erkenntnistheorie I
809 Moser, Harmonielehre I
826 Koch, Philosophie des Mittelalters
827 Schwaiger, Elektromotorische Antriebe
845 Lehmann, Philosophie im ersten Drittel des 20. Jahrh.
847 Herter, Lurche
851 Moede, Psychologie des Berufs- und Wirtschaftslebens
856 Quelle, Iberoamerika
857 Capelle, Griech. Philosophie I
858 Capelle, Griech. Philosoph. II
859 Capelle, Griech. Philosoph. III
862 Werkmeister, Vermessungskunde III
863 Capelle, Griech. Philosoph. IV
877 Knopp, Aufgabensammlung zur Funktionentheorie I
878 Knopp, Aufgabensammlung zur Funktionentheorie II
881 Humburg, Gleichstrommaschine II
902 Müller, Dynamik I
903 Müller, Dynamik II
910 Jaeger, Afrika I
911 Jaeger, Afrika II
917/917a Böhm, Versicherungsmathematik II
920 Hoheisel, Gewöhnliche Differentialgleichungen
929 Schirmer, Dt. Wortkunde
930 Krull, Elementare und klassische Algebra I
931 Hasse, Höhere Algebra I
932 Hasse, Höhere Algebra II
952 Schäfer, Transformatoren
953 Zipperer, Techn. Schwingungslehre I
961/961a Zipperer, Techn. Schwingungslehre II
965 Dehnert, Wehr- u. Stauanlagen
970 Baldus-Löbell, Nichteuklid. Geometrie
972 Herter, Tierphysiologie I
973 Herter, Tierphysiologie II
978 Kleinlogel, Baustoffverarbeitung und Baustellenprüfung des Betons
984 Graf, Die wichtigsten Baustoffe des Hoch- und Tiefbaus
999/999a Kamke, Mengenlehre
1000 Jaspers, Geistige Situation
1002 Jander-Jahr, Maßanalyse II
1003 Hoheisel, Partielle Differentialgleichungen
1004 Jander-Jahr, Maßanalyse III
1008 Mellerowicz, Allgemeine Betriebswirtschaftslehre I
1009 Bechert-Gerthsen, Atomphysik I
1014 Huttenlocher, Mineral- und Erzlagerstättenkunde I
1015/1015a Huttenlocher, Mineral- und Erzlagerstättenkunde II
1021 Niese-Dienst, Elektr. Schweißverfahren
1031 Apel, Philosophisches Wörterbuch
1033 Bechert-Gerthsen, Atomphysik II
1043 Kranefeldt, Therapeutische Psychologie
1039 Dovifat, Zeitungslehre I
1040 Dovifat, Zeitungslehre II
1044 Tölke, Talsperren
1045 Schubert, Technik des Klavierspiels
1051/1051a zu Stolberg-Wernigerode, Gesch. d. Verein. Staaten v. Amerika
1057 Roth, Thermochemie
1059 Hoheisel, Aufgabensammlg. z. d. gewöhnl. u. part. Differentialgleichungen
1061 Grodzinski, Getriebelehre I
1065 Haller, Von den Karolingern zu den Staufern
1070 Sauter, Differentialgleichungen der Physik
1078 Troche, Stahlbetonbau
1082 Hasse-Klobe, Aufgabensammlung zur Höheren Algebra
1084 Nusselt, Technische Thermodynamik I
1086 Müller, Dt. Dichten u. Denken
1088 Preller, Geschichte Engl. II
1092 Wickop, Fenster, Türen, Tore,
1094 Hernried, System. Modulation
1105 Hartung, Dt. Geschichte im Zeitalter der Reformation
1108 de Boor-Wisniewski, Mittelhochdeutsche Grammatik
1109 Knopp, Elemente der Funktionentheorie
1111 Naumann-Betz, Althochdeutsches Elementarbuch

1113/1113a Strubecker, Differentialgeometrie I
1114 Schubel, Englische Literaturgeschichte I
1115 Ranke, Altnord. Elementarbuch
1116 Meissner, Englische Literaturgeschichte II
1121 Naumann, Dt. Dichten und Denken
1122 Feist, Sprechen und Sprachpflege
1123/1123a Bechert-Gerthsen, Atomphysik III
1124 Meissner, Englische Literaturgeschichte III
1125 Lehnert, Altengl. Elementarbuch
1127 Hartmann, Geschlecht und Geschlechtsbestimmung im Tier- und Pflanzenreich
1128 Buchner, Symbiose der Tiere mit pflanzl. Mikroorganismen
1130 Dibelius, Jesus
1131 Scholz-Schoeneberg Einführung in die Zahlentheorie
1132 Frühauf, Überspannungen und Überspannungsschutz
1134 Kuckuck, Pflanzenzüchtung I
1135 Lehnert, Beowulf
1136 Meissner, Englische Literaturgeschichte IV
1137 Heil, Entwicklungsgeschichte des Tier- und Pflanzenreichs
1138 Hämmerling, Fortpflanzung im Tier- und Pflanzenreich
1140 Unger, Induktionsmaschinen
1141 Koller, Hormone
1142 Meissner-Lehnert, Shakespeare
1144 Gehler, Festigkeitslehre I
1145/1145a Herberg, Festigkeitslehre II
1146 Humburg, Synchrone Maschine
1147 v. Waltershausen, Kunst des Dirigierens
1148 Pepping, Der polyphone Satz I
1151 Nusselt, Technische Thermodynamik II
1152 Dehnert, Verkehrswasserbau III
1153 Mellerowicz, Allg. Betriebswirtschaftslehre II
1154 Mellerowicz, Allg. Betriebswirtschaftslehre III
1155 Schwartz, Mikrobiologie I
1156 Meinke, Kompl. Berechng. d. Wechselstromschaltungen
1157 Schwartz, Mikrobiologie II
1158 Mayrhofer, Sanskrit-Grammatik
1159 Jungbluth, Gießereitechnik I
1160 Dibelius-Kümmel, Paulus
1161 Kaestner, Spinnentiere
1162 Seidel, Entwicklungsphysiologie der Tiere I
1163 Seidel, Entwicklungsphysiologie der Tiere II
1165/1165a Bechert-Gerthsen, Atomphysik IV
1169 Paulsen, Allgem. Volkswirtschaftslehre I
1170 Paulsen, Allgem. Volkswirtschaftslehre II
1171 Paulsen, Allgem. Volkswirtschaftslehre III
1172 Paulsen, Allgem. Volkswirtschaftslehre IV

AUTORENREGISTER

FSC
www.fsc.org
MIX
Papier | Fördert gute Waldnutzung
FSC® C083411

Kolibri 360 GmbH
Ferdinand-Jühlke-Straße 7
99095 Erfurt, Deutschland
produktsicherheit@kolibri360.de